Probleme der Wettervorhersage
Problems of Weather Forecasting

Symposium 23. bis 25. September 1965 in Wien

Herausgegeben von / Edited by

F. Steinhauser

Archiv für Meteorologie, Geophysik und Bioklimatologie
Supplementum 1

1966
Springer-Verlag
Wien · New York

Probleme der Wettervorhersage
Problems of Weather Forecasting

Symposium 23. bis 25. September 1965 in Wien

Herausgegeben von / Edited by

Prof. Dr. F. Steinhauser

Zentralanstalt für Meteorologie und Geodynamik, Wien

Mit 60 Abbildungen

Archiv für Meteorologie, Geophysik und Bioklimatologie
Supplementum 1

1966
Springer-Verlag
Wien · New York

Softcover reprint of the hardcover 1sr edition 1966
Library of Congress Catalog Card Number 50-56 164

ISBN-13: 978-3-211-80778-1 e-ISBN-13: 978-3-7091-5780-0
DOI: 10.1007/978-3-7091-5780-0

Vorwort

Im Jahre 1965 jährte sich zum hundersten Male der Tag, an dem die erste österreichische Wetterkarte veröffentlicht worden ist, und im selben Jahr konnte auch die Österreichische Gesellschaft für Meteorologie ihr 100jähriges Bestandsjubiläum feiern. Dieses Doppeljubiläum gab den Anlaß dazu, daß die Österreichische Zentralanstalt für Meteorologie und Geodynamik, die Österreichische Gesellschaft für Meteorologie und das Institut für Meteorologie und Geophysik der Universität Wien zu einem internationalen Symposium über Probleme der Wettervorhersage einluden, das vom 23. bis 25. September 1965 in Wien veranstaltet worden ist.

Auf diesem Symposium nahmen bedeutende Meteorologen aus verschiedenen Ländern aus Europa und Übersee zu aktuellen Problemen und verschiedenen Methoden der Wettervorhersage Stellung, und zwar zur kurzfristigen, mittelfristigen und langfristigen Wetterprognose sowie zur numerischen Wettervorhersage. Sie behandelten in ihren Vorträgen praktische wie auch theoretische Aufgaben des gegenwärtigen Entwicklungsstandes der wissenschaftlichen Wettervorhersage.

Die Hauptreferate und die wichtigsten Diskussionsbeiträge werden nun in dieser Veröffentlichung der Allgemeinheit zugänglich gemacht. Bei einer im Festsaal der Österreichischen Akademie der Wissenschaften zur Einleitung des Symposiums veranstalteten Jubiläumsfeier zeigte in einem Festvortrag Prof. Dr. Albert Defant den Beitrag der österreichischen Meteorologen zur Entwicklung der synoptischen Meteorologie und der Methoden der Wettervorhersage in den letzten 100 Jahren. Dieser Vortrag ist in Heft 1/2 des Jahrganges 1966 der Zeitschrift „Wetter und Leben“ veröffentlicht worden.

Wien, im Sommer 1966 F. Steinhauser

Inhaltsverzeichnis

551.515.8 : 551.515.13

(University of California, Department of Meteorology, Los Angeles, U. S. A.)

Polarfronttheorie der Zyklonenbildung

Von

J. Bjerknes

Mit 5 Textabbildungen

Zusammenfassung. Die Polarfronttheorie der Zyklonenbildung geht von der Anschauung aus, daß Wellen mit bestimmter Wellenlänge in einer Margules-Fläche spontan anwachsen und dann verwirbeln. Diese Theorie wird sowohl an Hand von Untersuchungen an mathematischen Wellenmodellen als auch durch Untersuchungen synoptisch-meteorologischer Art gestützt. Im Vortrag sollen einige synoptisch-aerologische Entdeckungen, die im engen Zusammenhang mit der Polarfronttheorie stehen, behandelt werden. Es handelt sich dabei um die Existenz von Wellen kleiner Amplituden, die sich einer quasistationären Front entlang bewegen und nachher verwirbeln. Ferner werden die Zusammenhänge zwischen einer quasistationären Front und dem Strahlstrom besprochen, und zum Schluß wird noch darauf hingewiesen, daß sich diffluente Höhentröge durch ageostrophische Advektion von zyklonaler Wirbelgröße selbständig verstärken können. Dieser Vorgang kann auch in Verbindung mit einer Zyklogenese in der unteren Troposphäre auftreten.

Summary. The polar front theory of cyclogenesis starts from the perception that waves of a certain wave length amplify spontaneously on a Margules plane and build up a vortex. This theory has found support as well by investigations with mathematical wave models as by synoptic studies. In this paper the author discusses some findings of synoptic and aerological nature which are strongly related to the polar front theory. The existence of waves of small amplitude is shown, which move along a quasi-stationary front and then build up a vortex. Then, the relations between a quasi-stationary front and the jet-stream are discussed and, finally, it is stressed that diffluent upper troughs can amplify self-supporting by ageostrophic advection of cyclonic vorticity. This phenomenon can occur in connexion with cyclogenesis in the lower troposphere.

Résumé. La théorie du front polaire de la cyclogénèse part du principe que des ondulations d'une fréquence déterminée se forment spontanément sur une surface de Margules et s'y enroulent ensuite. Cette théorie s'appuie aussi bien sur des études faites au moyen de modèles mathématiques d'ondulations que sur des recherches en météorologie synoptique. Dans le présent rapport, on fait état de quelques découvertes d'aérologie synoptique qui sont en relation étroite avec la théorie du front polaire. Il s'agit de l'existence d'ondes de faible amplitude qui se déplacent le long d'un front quasi-stationnaire pour s'enrouler ensuite. On discute en outre les relations existant entre un front quasi-stationnaire et les courants "jet". Pour terminer, on indique que des couloirs dépressionnaires en altitude de caractère diffluent peuvent être activés par advection agéostrophique de la valeur tourbillonnaire cyclonique. Ce processus peut également se dérouler en relation avec une cyclogénèse de la troposphère inférieure.

Meine einleitenden Worte seien hiermit der historischen Würdigung der österreichischen meteorologischen Schule gewidmet. Sie war nicht nur eine der ältesten meteorologischen Schulen, sondern die einflußreichste durch lange Perioden des verflossenen Jahrhunderts. Die ganze meteorologische Welt kennt die Namen: von Hann, Pernter, Margules, Exner, von Ficker, Wilhelm Schmidt und natürlich auch den jetzigen Nestor der österreichischen Meteorologie, Albert Defant, der auch auf dem Gebiete der Ozeanographie Hervorragendes geleistet hat. Von Österreich her kamen viele grundlegende meteorologische Entdeckungen und theoretische Ideen, die nachher internationales Gemeingut geworden sind.

Es würde zu weit führen, auf die vielen wichtigen Einzelleistungen der österreichischen Meteorologen einzugehen, und ich beschränke mich deswegen hier auf die Erwähnung der Arbeiten von Margules [3, 4]. Die Weiterführung seiner Ideen bildet unter anderem auch die Grundlage meines heutigen Vortrages.

Ich spreche heute als Nestor der norwegischen Meteorologenschule, die vor etwa 45 Jahren mit dem eingehenden Studium der Frontenanalyse, der Entwicklung von Zyklonen aus Frontalwellen, des Lebenslaufes der Polarfrontzyklonen usw. ihren Anfang nahm.

Die Verbindung mit der österreichischen Schule wurde bald offenbar, obwohl zu Anfang die jungen Norweger und ich selbst als einer von ihnen voller Begeisterung schnell publizierten, ohne die bereits existierende Literatur genügend zu studieren. Die Frontalflächen waren bereits von Margules als geneigte Diskontinuitätsflächen beschrieben worden, und das Anwachsen der kinetischen Energie einer Zyklone auf Kosten der potentiellen Energie war im Prinzip von Margules in seiner Arbeit „Energie der Stürme" [3] erklärt worden.

Durch die Frontenanalyse der norwegischen Schule wurde immerhin begrifflich etwas Neues geschaffen, das sich in der praktischen Synoptik auswirkte: nämlich die empirische Feststellung, daß die Neubildung von Zyklonen oft als eine Wellenbildung mit sehr kleiner Amplitude in einer präexistierenden Front zuerst erkennbar ist. Diese synoptische Entdeckung veranlaßte meinen Vater, Vilhelm Bjerknes, Studien von Wellenmodellen der Atmosphäre eines rotierenden Planeten anzustellen und diese für die Wettervorhersage nutzbar zu machen. Das theoretische Hauptprogramm der Bjerknes-Schule bestand demnach in dem Suchen nach mathematisch definierten langen Wellen auf einer Margules-Fläche, und zwar besonders solchen, die von selbst wachsen und schließlich verwirbeln.

Mein Vater hatte schon früher mit der Dynamik langer Wellen in einem einheitlichen Kontinuum gearbeitet, aber die neue Aufgabe mit zwei Kontinua, getrennt durch eine schräge Margules-Fläche, die bis zum Erdboden reichte, war viel schwieriger. Junge, mathematisch ausgebildete Meteorologen mußten hier mithelfen und bald nachher das ganze theoretische Wellenprogramm übernehmen. Diese Aufgabe wurde im besonderen SOLBERG als Forschungsassistent von V. BJERKNES zuteil, und als SOLBERG später einen Lehrstuhl übernahm, wurde die Forschungsarbeit im Hinblick auf das Wellenproblem von HOLMBOE zuerst in Norwegen und nachher in Amerika fortgesetzt. HOLMBOES eigener Bericht über die Fortschritte in der Theorie atmosphärischer Wellen bis zum heutigen Tag wird sich nach meinem Vortrag anschließen.

Es bleibt für mich die Aufgabe, einige der wichtigsten Fortschritte der Synoptiker in der Erforschung der jungen Zyklonen als Frontalwellen zu besprechen. Die Auswahl ist naturgemäß subjektiv.

Die bekannte Arbeit von BERGERON und SWOBODA [1]: „Wellen und Wirbel an einer quasistationären Grenzfläche über Europa", brachte im Jahre 1924 mittels des dichten zentraleuropäischen Stationsnetzes den überzeugenden Nachweis für die schnellbewegten initialen Frontalwellen mit kleiner Amplitude. Seit 1924 konnten dann die Synoptiker zuversichtlich die Bergeron-Swoboda-Wellen auch über dem Ozean, zwischen einer Polarluftzyklone über Island und einer Tropikluftantizyklone über den Azoren, analysieren und dabei in vielen Fällen einen Sturm an den europäischen Küsten vorhersagen, bevor noch der Sturmwirbel geboren war.

Die Fickerschen „Primären Druckstörungen" [2], die in den Beobachtungen der alpinen Observatorien deutlich zu sehen sind und gemäß der aerologischen Analyse in der oberen Troposphäre ihren „Sitz" haben, wurden schließlich auch als atmosphärische Wellen erkannt, nachdem ROSSBY [8, 9] 1939 für sie eine geeignete dynamische Theorie entwickelt hatte. Jetzt nennt man diese Störungen nach ROSSBY die „Wellen der westlichen Höhenwinde", aber die erste empirische Entdeckung derselben als reine Luftdruckstörungen kam aus Österreich. Wir sind stolz, den schwedischen Meteorologen ROSSBY auch als einen Vertreter der norwegischen meteorologischen Schule ansehen zu können, obwohl er nur etwa ein Jahr bei uns in Bergen war. Später begründete er bekanntlich in Amerika seine eigene, weit verbreitete meteorologische Schule, der wir viele wichtige neue Erkenntnisse verdanken. Unter anderem wurden von dieser Schule die Grundlagen der numerischen Wettervorhersage geschaffen. Ferner gingen von ihr Impulse zur Lösung des Langfristprognosenproblems auf globaler Grundlage aus, von der noch NAMIAS berichten wird.

Zum Problem der Frontalwellen zurückkehrend, möchte ich die Bedeutung einer Arbeit von PALMÉN und NEWTON [5] aus dem Jahre 1948 besonders hervorheben. Die erwähnten Verfasser brachten zum ersten Male eine vollständige Darstellung des Temperaturfeldes und

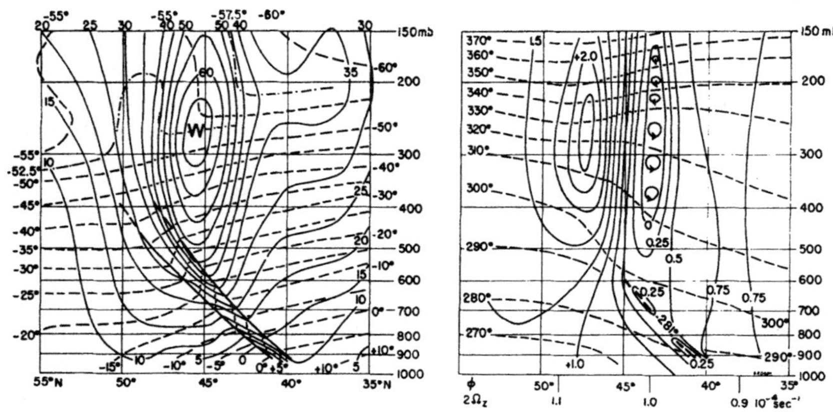

Abb. 1. Links: Vertikalprofil quer zu einer winterlichen quasistationären Polarfront über den Vereinigten Staaten. Isothermen gestrichelt, Iso-Linien der parallel zur Front ostwärts gerichteten geostrophischen Windkomponente (m/sec) ausgezogen (nach PALMÉN und NEWTON [5])

Rechts: Dasselbe Profil mit Trockenisentropen gestrichelt, das Feld der Größe

$$10^4 \left(2\,\Omega_z - \frac{\partial u_g}{\partial \eta}\right)$$

in ausgezogenen Linien. η ist die nordwärts gerichtete isentropische Koordinate

des geostrophischen Windes in einem Vertikalprofil quer zur Richtung einer typischen quasi-stationären Front (s. Abb. 1). Darin wurde zum ersten Male auch ein Strahlstrom (Jet Stream) in der oberen Troposphäre und in der unteren Stratosphäre, parallel zur quasistationären Front, in voller Schärfe gezeigt. Damit wurden den Theoretikern in ihren Versuchen, die Frontalwellen dynamisch zu behandeln, neue Probleme gestellt. Dies ist noch nicht in vollem Umfange gelungen, und es bleibt deshalb Aufgabe der Synoptiker, hauptsächlich mit empirischen Methoden die Frage zu beantworten, wie das Anwachsen der Frontalwellen in einem kombinierten System von Front und Strahlstrom zustande kommt. Insbesondere gilt es zu klären, wie das Aufgleiten auf einer Margulesfläche stattfinden kann. Mit dem Aufgleiten erfolgt natürlich automatisch eine Konvergenz entlang der Bodenfront und daselbst die Bildung von zyklonaler Wirbelgröße, das heißt ein Anwachsen der Wellenzyklone.

Das Aufgleiten muß angenähert entlang von isotropen Flächen stattfinden, und zwar trockenadiabatisch im wolkenfreien Raum und feuchtadiabatisch innerhalb der Wolken. Die Trockenisentropen sind im rechten Teil der Abb. 1 als gestrichelte Linien angedeutet. Sie steigen in beiden Luftmassen nach Norden an, aber weniger steil als die geneigte Frontfläche. Die Feuchtisentropen, die nicht eingezeichnet sind, steigen steiler an, haben aber in unmittelbarer Nähe der Frontfläche nach Norden hin ungefähr dieselbe Neigung wie die Frontfläche selbst. Thermodynamisch kann somit die gesättigte Luft ganz nahe der Frontfläche aufgleiten, wie tatsächlich durch die Aufgleitbewölkung zu beobachten ist.

Es gibt aber auch eine dynamische Kontrolle, die das Aufgleiten nur dann zuläßt, wenn die horizontale Windkomponente parallel zur Frontfläche genügend stark entlang der Flächenneigung von unten nach oben zunimmt. Mit anderen Worten, das Aufgleiten wird begünstigt, wenn ein starker geostrophischer Strahlstrom anfänglich schon da ist. Im instabilen Idealfall käme die aufgleitende Luft in jeder Höhe mit subgeostrophischer Westwindkomponente an und wird weiter nordwärts und aufwärts beschleunigt.

Dieser Vorgang ist in Abb. 2 (oberer Teil) schematisch dargestellt. Wenn $\frac{\partial u_g}{\partial \eta} > 2\,\Omega \sin\varphi$ ist, wird jede auf die Horizontalströmung superponierte Aufgleitkomponente exponentiell zunehmen. Dasselbe geschieht anfangs auch mit einer superponierten Abgleitbewegung, aber dieser Fall hat keine reale Bedeutung, da die feuchtadiabatische Zustandsänderung mit dem Abgleiten unvereinbar ist.

Das Studium von einer größeren Anzahl von Aufgleitflächen zeigt, daß die Bedingung $\frac{\partial u_g}{\partial \eta} > 2\,\Omega \sin\varphi$ selten in großem Ausmaße und nie langandauernd vorgefunden wird. Trotzdem ist das Aufgleiten tatsächlich kein lokales und kurzdauerndes Phänomen. Dies erklärt sich meistens durch das dreidimensionale Aufgleitmodell im unteren Teil der Abb. 2, worin der warme Grundstrom konfluent und folglich $\frac{\partial u_g}{\partial x} > 0$ ist. In diesem Falle, und zusätzlich mit der Bedingung $\frac{\partial u_g}{\partial \eta} < 2\,\Omega \sin\varphi$, hat das Aufgleiten eine „stabile" Lösung

$$v_\eta = u\,\frac{\partial u_g}{\partial x} \bigg/ \left(2\,\Omega \sin\varphi - \frac{\partial u_g}{\partial \eta}\right). \tag{1}$$

Ist das Aufgleiten anfangs langsamer als dieser Wert, so wird es sich beschleunigen, schnelleres Aufgleiten führt zur Retardation desselben. Angewandt auf tatsächliche Verhältnisse auf einer Frontalfläche mit der Neigung α gibt Formel (1) Vertikalkomponenten $v_z = v_\eta \sin \alpha$ von der Größenordnung 10 cm sec^{-1}, die mit den beobachteten Frontalregenintensitäten gut übereinstimmen. Dagegen sind diese Vertikalkomponenten fast um eine Größenordnung größer als

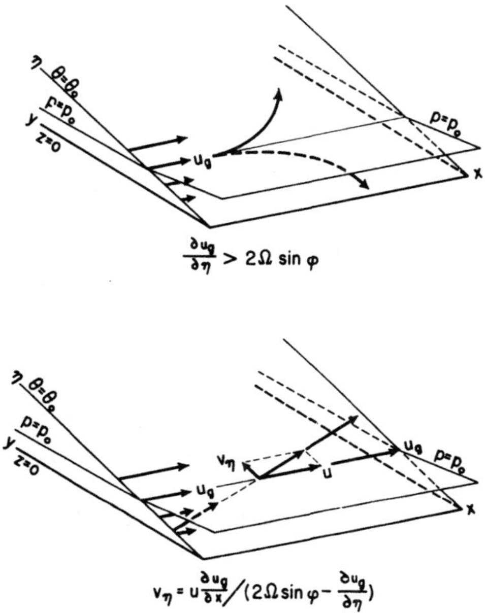

Abb. 2. Modelle des Aufgleitens entlang einer feuchtisentropischen Frontfläche

Oben: Der instabile Fall

$$\frac{\partial u_g}{\partial \eta} > 2\,\Omega_z$$

Unten: Das stabile Aufgleiten v_η unter den Bedingungen

$$\frac{\partial u_g}{\partial \eta} < 2\,\Omega_z \quad \text{und} \quad \frac{\partial u_g}{\partial x} > 0$$

die großräumige Vertikalbewegung, die aus einem Netz mit weit auseinander liegenden Koordinatenpunkten dynamisch berechnet wurden. Bezüglich der Produktion von kinetischer Energie ergeben die frontalmodellierten Zyklonen zufolge der größeren maximalen Vertikalgeschwindigkeit in feuchter Luft ein schnelleres Anwachsen als die ausgeglichenen Koordinatenpunktmodelle. Hinsichtlich der dynamischen Bedeutung der Frontalwellen für die Zyklogenese ist dies wichtig. Es können z. B. die im Vortrag von Holmboe vorgeführten Verdopplungsgeschwindigkeiten der Wellenamplituden wahrscheinlich noch bedeutend vergrößert werden, wenn die feuchte Warmluft in der Nähe der Frontfläche viel schneller aufsteigen kann als sonstwo innerhalb der Warmluftmasse.

Die aus Abb. 2 (unten) abgeleitete Vorhersageregel, daß die Zyklogenese unterhalb einer konfluent strömenden oberen Warmluft stattfindet, bewährt sich in der Praxis sehr gut. Gewöhnlich erfüllt die südliche Vorderseite eines Höhentroges diese Bedingung, weil sich das Geschwindigkeitsmaximum des Strahlstromes oft beim Inflexionspunkt östlich des Troges befindet. In Abb. 3, die einer weiteren Abhandlung von PALMÉN und NEWTON [6] entnommen ist, sieht man, wie das Strahlstrommaximum ($>$ 160 Knoten) des gemessenen Windes beim Inflexionspunkt liegt, obwohl der folgende Trog eine große geostrophisch berechnete, aber immerhin kleinere wirkliche Geschwindigkeit ($<$ 120 Knoten) aufweist. Eine schnelle Frontalzyklogenese ist auch tatsächlich nahe Cape Hatteras, zwischen der Höhentroglinie und dem Inflexionspunkt des Strahlstromes, in voller Ausbildung.

Ein synoptisches Beispiel ähnlicher Art zeigen die Abb. 4 a bis d, die aus den täglichen Wetterkarten des U. S. Weather Bureaus in Washington zusammengestellt worden sind. Eine am 19. Februar, 00 Uhr, GMT 1963, neugebildete Frontalwelle (Abb. 4 a), nahe der Mississippimündung, befindet sich östlich des großen Höhentroges und wird durch die Konfluenz der oberen Warmluftströmung nördlich der Bodenfront in ihrer Entwicklung begünstigt. Für die schnelle Vertiefung fehlt noch die obere Welle, die erst nach zwölf Stunden (Abb. 4 b) die Frontalwelle mit der gewöhnlichen Phasenverzögerung begleitet. Der Bodenluftdruck im Zyklonenzentrum vertieft sich dann während zweier aufeinanderfolgender zwölfstündiger Intervalle von 1004 mb auf 988 mb (Abb. 4 c) und weiter auf 976 mb (Abb. 4 d). Gleichzeitig bewegt sich das Zentrum schnell ostnordostwärts in Richtung zum Atlantischen Ozean.

Die Karten in Abb. 4 geben auch ein gutes Beispiel für eine arktische Frontalwelle mit schneller Vertiefung, bei der die Bedeutung der Höhenwelle klar hervortritt. Zu Beginn der Kartenserie lag eine arktische quasistationäre Front auf der Ostseite der kanadischen Rocky Mountains, parallel zur Gebirgskette. In Abb. 4 a ist eine schwache Welle in dieser Front ersichtlich, aber die Möglichkeit für eine selbständige Entwicklung dieser Welle scheint ziemlich ungünstig zu sein. Erstens wird sich die Welle dem konvexen Südende einer arktischen Luftzunge entlang bewegen müssen, wobei die Wellenamplitude nur langsam anwachsen kann. Zweitens ist die Warmluft nach der Überquerung der Rocky Mountains ziemlich trocken und deshalb wenig geeignet für ein großzügiges Aufgleiten auf der arktischen Front.

Die entscheidende Sturmentwicklung kommt in diesem Fall von der Verstärkung des Strahlstromes aus Nordwest (Abb. 4 a, b, c). Diese Windverstärkung in der Höhe konnte synoptisch vorhergesagt werden einerseits durch das Herannahen des Höhenrückens, der der

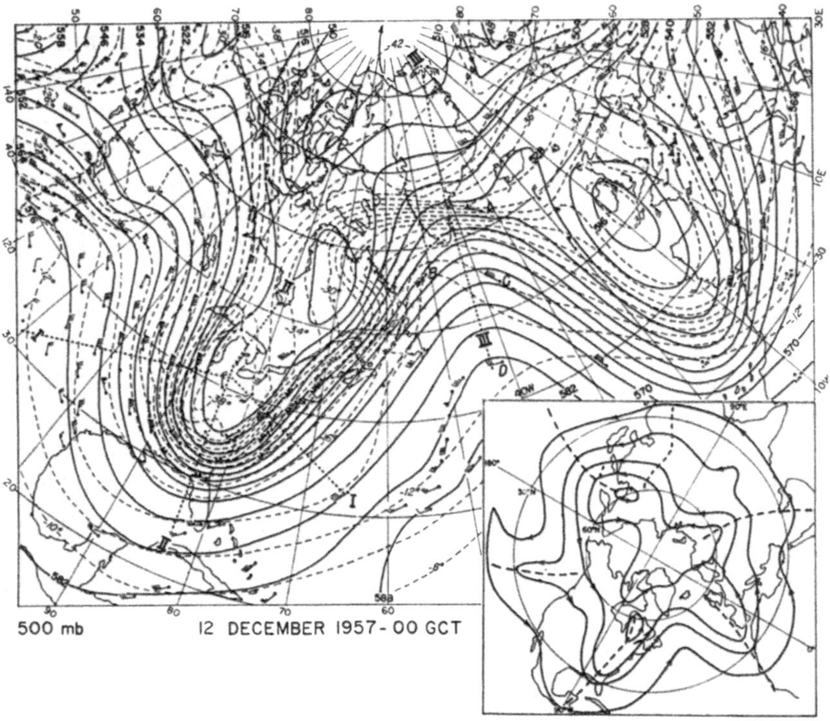
500 mb
12 DECEMBER 1957 - 00 GCT

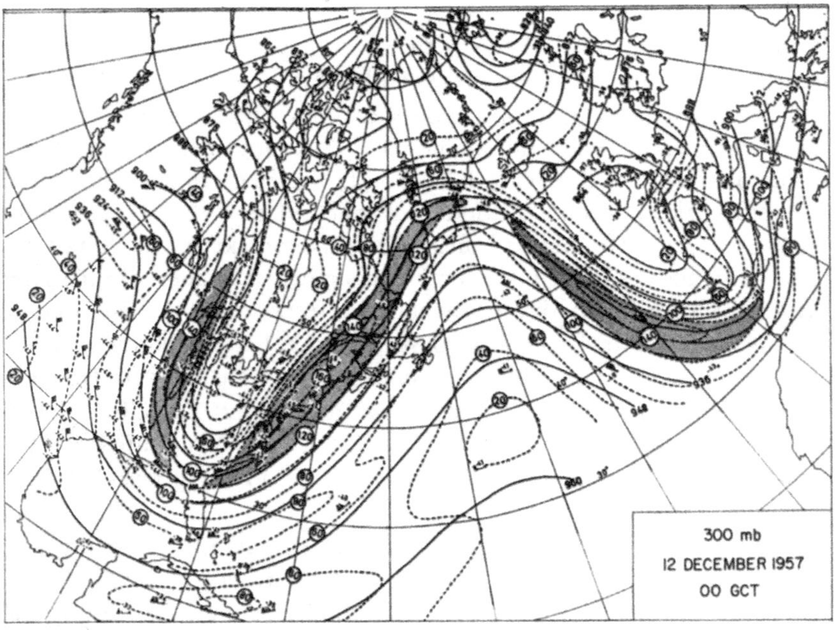
300 mb
12 DECEMBER 1957
00 GCT

okkludierten pazifischen Zyklone voranzieht, und andererseits durch das Verbleiben des großen Höhentiefs über der nördlichen Hudson Bay. Die Verstärkung des nordwestlichen Strahlstromes macht den Höhentrog östlich davon stark unsymmetrisch, und zwar so, daß die Luftteilchen auf dem Wege von der Rückseite zur Vorderseite des Troges ihre Bewegung verlangsamen und dabei auch eine nach höherem Druck gerichtete Bewegungskomponente aufweisen müssen. Dieser Trogtypus, den wir kurz als „diffluenten Trog" bezeichnen wollen, hat die Eigenschaft, daß die Trogamplitude zeitlich zunimmt, wie die aufeinanderfolgenden Höhenkarten in Abb. 4 c und d zeigen. Dynamisch ist diese Trogvertiefung wahrscheinlich durch die südwärts gerichtete ageostrophische Advektionskomponente der zyklonalen Wirbelgröße bedingt.

Die beschriebene Höhentrogvertiefung macht aus der unscheinbaren Zyklone der arktischen Front ein Bodentief von ebenso niedrigem Zentralluftdruck wie in der benachbarten Polarfrontzyklone, wo echte Tropikluft beteiligt war. Dieser Fall einer Vertiefung der Zyklone über dem winterkalten nordamerikanischen Kontinent zeigt, daß die Energie der Bodenstürme auch von dem Strahlstromniveau her entwickelt werden kann. Der v. Fickersche Begriff der „primären oberen Störung" lebt demnach in moderner Form weiter; sie ist jedoch nicht immer primär.

Alle großen Sturmtiefs entstehen aus der gemeinsamen Entfaltung kinetischer Energie durch die wachsende Frontalwelle und durch den diffluenten Höhentrog, wie das beispielsweise in Abb. 5 a bis d dargestellt ist. Diese Karten wurden von Sverre Petterssen analysiert und in seinem Lehrbuch [7] veröffentlicht.

Die junge Frontalwelle kommt wiederum vom Süden der Vereinigten Staaten und steuert entlang der Südweströmung im 300-mb-Niveau auf die Großen Seen zu. Diese obere Strömung als vorderer Teil eines V-Troges ist anfangs (Abb. 5 a) ganz geradlinig, obwohl die Frontalwelle in der unteren Troposphäre schon vorhanden ist. Zwölf Stunden nachher (Abb. 5 b) ist eine doppelte Krümmung der Südweströmung im 300mb-Niveau ersichtlich, die nach

---

Abb. 3. Wellen großer Amplitude in der westlichen Höhenströmung am 12. Dezember 1957, 00 GMT (nach Palmén und Newton [6])

Oben: 500mb-Isohypsen in dyn. Dekametern voll ausgezogen und 500mb-Isothermen (° C) gestrichelt. Kleine hemisphärische Karte mit 500mb-Isohypsen in Intervallen von 24 dyn. Dekametern. Äußerste Kurve 582 dyn. Dekameter

Unten: 300mb-Isohypsen in dyn. Dekametern voll ausgezogen. Isotachen in Knoten gestrichelt. Gemessene Windgeschwindigkeiten größer als 120 Knoten in schraffierten Flächen

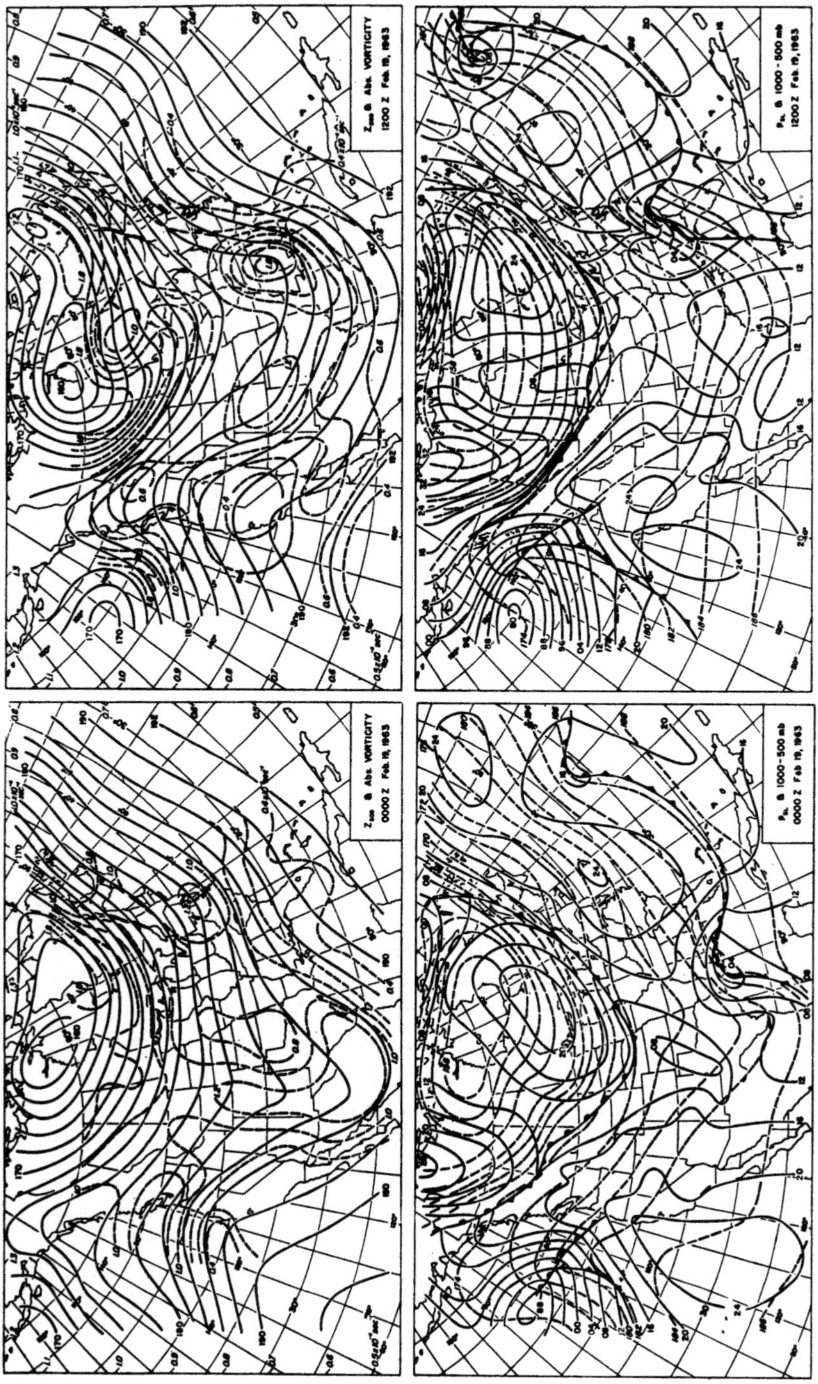
Z500 & Abs. VORTICITY 1200 Z Feb. 19, 1963
P_st & 1000-500 mb 1200 Z Feb. 19, 1963
Z500 & Abs. VORTICITY 0000 Z Feb. 19, 1963
P_st & 1000-500 mb 0000 Z Feb 19, 1963

b)

a)

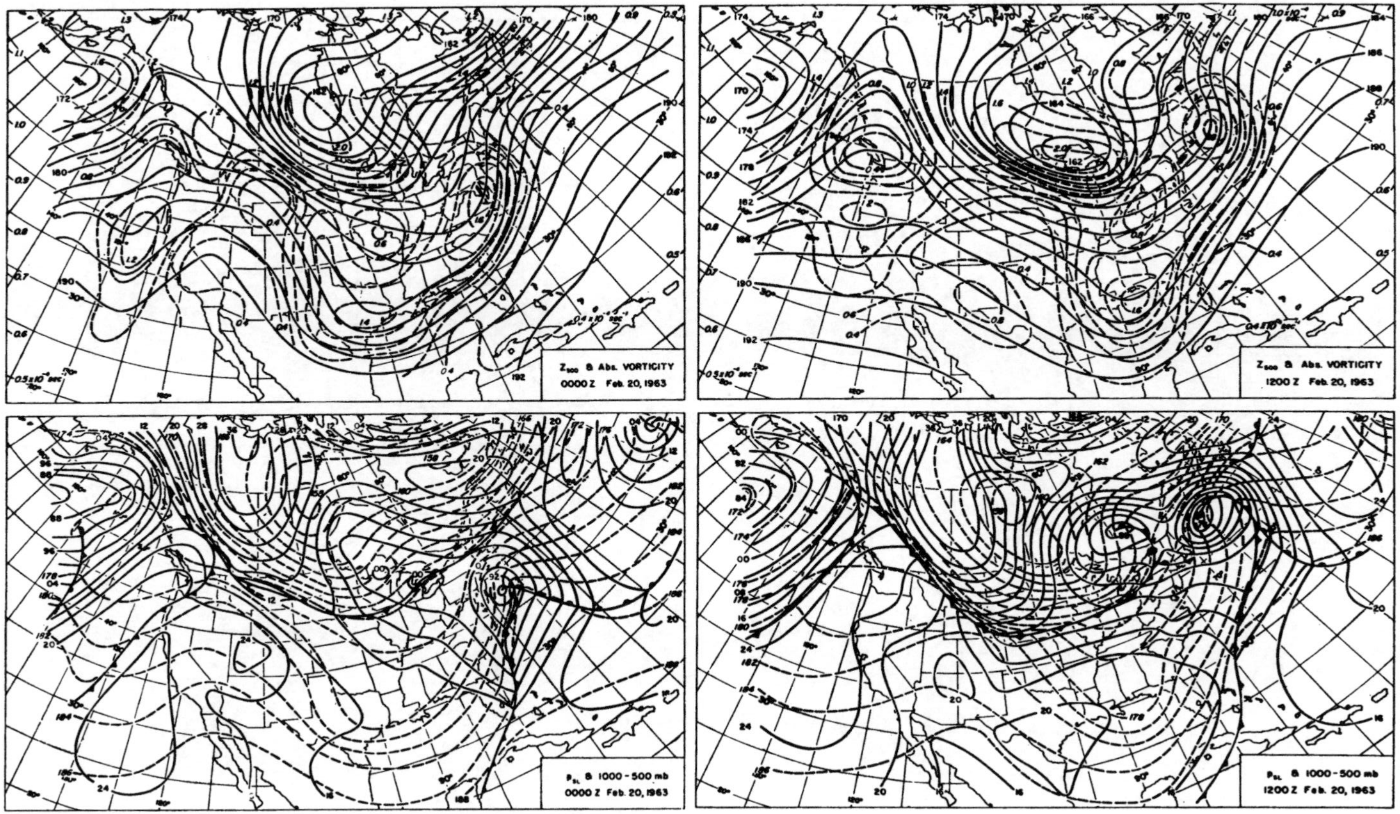

c) d)

Abb. 4. Die Wetterlage über Nordamerika vom 19. bis 20. Februar 1963

Oben: 500mb-Isohypsen (in 100 dyn. Fuß) und absolute geostrophische Wirbelgröße im 500mb-Niveau (10^{-4} Sek.$^{-1}$)

Unten: Bodendruckkarten (mb) und relative Topographie (dyn. Fuß) zwischen 500 mb und 1000 mb

a) 19. Februar, 00 GMT; b) 19. Februar, 12 GMT; c) 20. Februar, 00 GMT; d) 20. Februar, 12 GMT

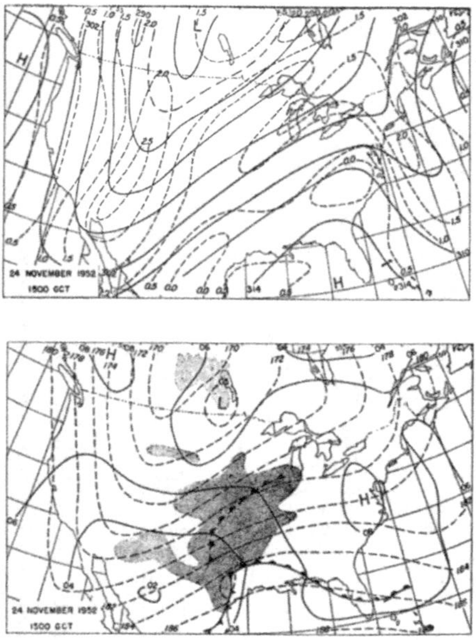
24 NOVEMBER 1952
1500 GCT
24 NOVEMBER 1952
1500 GCT

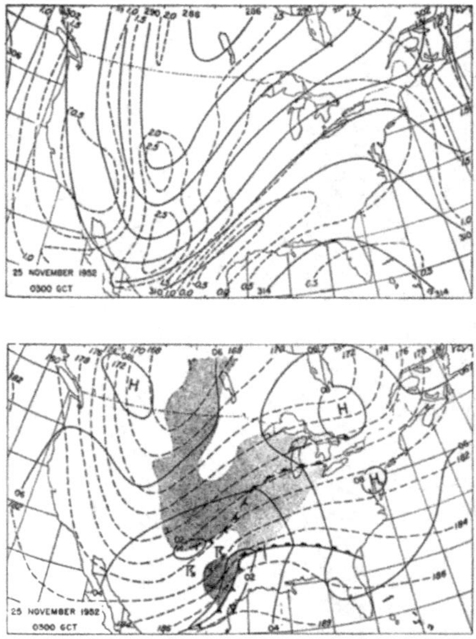
25 NOVEMBER 1952
0300 GCT
25 NOVEMBER 1952
0300 GCT

a) b)

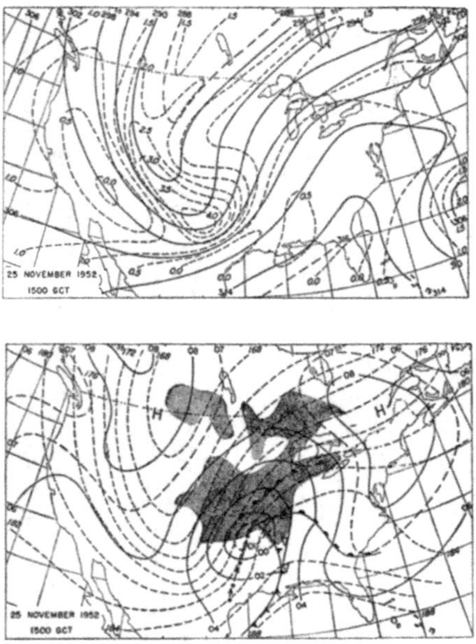
25 NOVEMBER 1952
1500 GCT
25 NOVEMBER 1952
1500 GCT

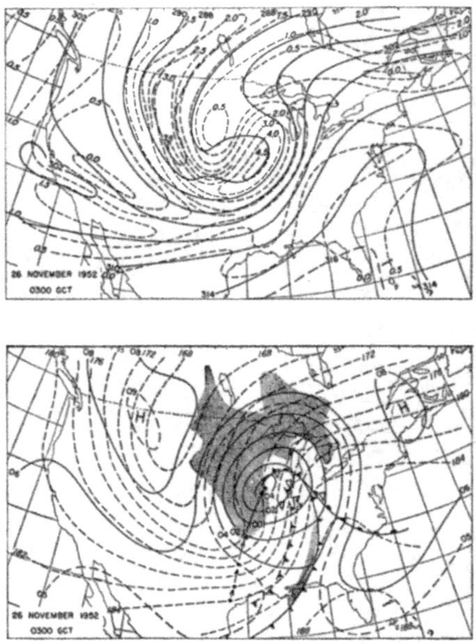
26 NOVEMBER 1952
0300 GCT
26 NOVEMBER 1952
0300 GCT

c) d)

Abb. 5

vierundzwanzig Stunden (Abb. 5 c) ganz deutlich erkennbar wird. Dabei hat sich auch der Trog im 300mb-Niveau von der symmetrischen V-Form (Abb. 5 a) in die unsymmetrische diffluente Form (Abb. 5 c) umgestaltet. Die hochtroposphärische Luft im Trog überschreitet jetzt die Isobaren mit einer nach höherem Druck gerichteten ageostrophischen Komponente und transportiert das zyklonale Maximum absoluter Wirbelgröße (gestricheltes Liniensystem) in dieselbe Richtung. In dieser Weise ist es möglich, daß sich das obere Wirbelmaximum dicht hinter der unteren okkludierenden Frontalwelle anschließt und dadurch die Vertiefung der Gesamtzyklone fördert. Im Verwirbelungsstadium (Abb. 5 d) sieht man immer noch denselben diffluenten Prozeß auf der Rückseite des Bodentiefs, während sich der Höhentrog mit dem dazugehörigen Wirbelmaximum in konvergierender Spiralform weiter verlängert hat.

Zum Schluß möchte ich noch den Wunsch äußern, daß die hiermit abgeschlossene qualitative Beschreibung dynamischer Vorgänge der Zyklonenbildung weiter durch quantitative Berechnungen ergänzt werden möge. Erfolgversprechende Anfänge sind bereits gemacht worden, bisher jedoch immer nur mit Hilfe von verschiedenen idealisierenden Voraussetzungen.

Literatur

1. Bergeron, T., und G. Swoboda: Wellen und Wirbel an einer quasistationären Grenzfläche über Europa. Veröff. Geoph. Inst. Leipzig, Vol. 2, Serie 3, Nr. 2 (1924).
2. Ficker, H. v.: Beziehungen zwischen Änderungen des Luftdruckes und der Temperatur in den unteren Schichten der Troposphäre (Zusammensetzung der Depressionen). S. B. Akad. der Wiss. Wien, Abt. II a, **129**, 763—810 (1920).
3. Margules, M.: Über die Energie der Stürme. Jahrbuch der Zentralanstalt für Meteorologie, Wien, 1903.
4. Margules, M.: Zur Sturmtheorie. Meteorol. Z. **13**, 481—497 (1906).
5. Palmén, E., and C. W. Newton: A Study of the Mean Wind and Temperature Distribution in the Vicinity of the Polar Front in Winter. J. Met. **5**, 220—226 (1948).
6. Palmén, E., and C. W. Newton: Kinematic and Thermal Properties of a Large-amplitude Wave in the Westerlies. Tellus **15**, 99—119 (1963).

Abb. 5. Die Wetterlage über Nordamerika vom 24. bis 26. November 1952 (nach S. Petterssen [7])

Oben: 300mb-Isohypsen und absolute geostrophische Wirbelgröße im 300mb-Niveau (10^{-4} Sek.$^{-1}$)

a) 24. November, 15 GCT; b) 25. November, 03 GCT

Unten: 1000mb-Topographie ausgezogen und relative Topographie zwischen 500 mb und 1000 mb gestrichelt. Höheneinheit 100 dyn. Fuß

c) 25. November, 15 GCT; d) 26. November, 03 GCT

7. Petterssen, S.: Weather Analysis and Forecasting. 2nd ed., Vol. 1, 344—347. New York, 1956.
8. Rossby, C.-G.: Relation Between Variations in the Intensity of the Zonal Circulation of the Atmosphere and the Displacements of the Semipermanent Centers of Action. Sears J. Mar. Res. **2**, 38—55 (1939).
9. Rossby, C.-G.: Planetary Flow Patterns in the Atmosphere. Quart. J. Roy. Met. Soc. **66** (Supplement), 68—87 (1939).

Anschrift des Verfassers: Prof. Dr. J. Bjerknes, University of California, Department of Meteorology, Los Angeles, California 90024, U. S. A.

551.511.3

(University of California, Department of Meteorology, Los Angeles, U. S. A.)

The Growth of a Young Frontal Wave

By

Jörgen Holmboe

Summary. In a two-layer model of the atmosphere with the upper warm air moving from the west relative to the cold air below the long waves are unstable and have a rather simple symmetric structure and behavior when the following approximations are used: (a) The latitude variation of the depth of the layers is ignored. (b) The motion is quasi-geostrophic. (c) The planetary β-gradient of the earth's vorticity is ignored. (d) The tropopause is a rigid horizontal surface. When these approximations are removed one by one the wave structure and growth rate are modified somewhat, but the essential features of the wave mechanism remain unchanged.

The full text is published in the Tellus (August 1966) — Festschrift for Bergeron.

Zusammenfassung. In einem Zweischichtenmodell der Atmosphäre, in dem die warme Luft in der Höhe eine Relativbewegung aus Westen gegenüber der darunterliegenden kalten Luft ausführt, sind die langen Wellen instabil; sie besitzen eine einfache symmetrische Struktur und weisen ein einfaches Verhalten auf, wenn folgende vereinfachende Annahmen gemacht werden können: a) Die Breitenabhängigkeit der Dicke der Schichten wird vernachlässigt; b) die Bewegung ist quasi-geostrophisch; c) die Breitenabhängigkeit des Coriolisparameters wird vernachlässigt; d) die Tropopause wird als feste horizontale Fläche angenommen. Wenn man diese Vernachlässigungen schrittweise aufgibt, ändert sich wohl die Wellenstruktur und die Geschwindigkeit des Anwachsens etwas, aber die wesentlichen Eigenschaften des Wellenmechanismus bleiben erhalten.

Der vollständige Text wird in der Bergeron-Festschrift der Zeitschrift Tellus im August 1966 veröffentlicht.

Résumé. Dans un modèle d'atmosphère composé de deux couches superposées, l'air chaud supérieur étant en mouvement relatif d'ouest par rapport à l'air froid sousjacent, les longues ondes sont instables et ont une structure et un comportement symétriques plutôt simples quand les approximations suivantes sont utiliseés: (a) La variation avec la latitude de l'epaisseur des couches est ignorée. (b) Le mouvement est quasi-géostrophique. (c) Le gradient planétaire β de la vorticité terrestre est ignoré. (d) La tropopause est une surface horizontale rigide. Lorsque ces approximations sont abandonnées l'une après l'autre, la structure et le taux de croissance de l'onde sont quelque peu modifiés, mais les faits essentiels du mécanisme d'onde demeurent inchangés.

Le texte complet est publié dans Tellus (Août 1966), issue dédiée à Bergeron.

Author's address: Prof. Jörgen Holmboe, University of California, Department of Meteorology, 405 Hilgard Avenue, Los Angeles, California 90024, U. S. A.

551.513.1

(Meteorologisches Institut der Universität Helsinki, Finnland)

Die Zyklonen als Glieder des meridionalen und vertikalen Austausches und der Energieumwandlungen in der Atmosphäre

Von

E. Palmén

Mit 5 Textabbildungen

Zusammenfassung. Nach einem Hinweis auf eine synoptische Abschätzung des in typischen Zyklonen stattfindenden meridionalen Austausches wird ein Beispiel für die Korrelation zwischen Temperatur und Vertikalbewegung in Zyklonen, auf der der vertikale Großaustausch der Wärme in zyklonalen Störungen beruht, vorgeführt. Daraus wird die Produktion kinetischer Energie berechnet, woraus sich ergibt, daß bereits einige Polarfrontzyklonen die kinetische Energie des außertropischen Gebietes gegen die Reibungsdissipation aufrechterhalten können.

Ferner wird der aufwärts gerichtete großturbulente Wärmestrom im ganzen außertropischen Gebiet aus einer Bilanz zwischen der meridionalen Wärmezufuhr aus Süden, der Strahlungsabkühlung der Atmosphäre und der freiwerdenden latenten Wärme berechnet und die mittlere kinetische Energie aus dem großturbulenten Teil des vertikalen Wärmestromes quantitativ bestimmt.

Summary. Having referred to a synoptic estimate of the meridional exchange taking place in typical cyclones, the author brings an example for the correlation between temperature and vertical movement in cyclones upon which the vertical large scale exchange of heat in cyclonic disturbances is based. From this the production of kinetic energy is evaluated wherefrom can be stated that already a few polarfront cyclones are sufficient to maintain the kinetic energy of the extra-tropical regions against dissipation by friction.

Further, the upward large-scale eddy heat flux in the whole extra-tropical region is evaluated from a balance between meridional heat advection from south, the radiative cooling of the atmosphere and the release of latent heat, and the mean kinetic energy of the part of vertical heat flux due to large-scale eddies is quantitatively assessed.

Résumé. L'auteur se réfère tout d'abord à une estimation synoptique des échanges méridiens qui se produisent à l'intérieur d'un cyclone typique. Il présente alors un exemple de la corrélation existant entre la température et le mouvement vertical à l'intérieur des cyclones, mouvement sur lequel repose l'échange vertical global de la chaleur dans les perturbations cycloniques. Il calcule ensuite la production d'énergie cinétique qui en découle. Il en résulte que quelques cyclones du front polaire peuvent déjà conserver, dans les régions situées hors des tropiques, suffisamment d'énergie cinétique pour surcompenser les pertes par frottement.

On détermine en outre quantitativement le courant de chaleur dirigé vers le haut par suite de la turbulence dans tout l'espace extratropical. Ce calcul se fait au moyen d'un bilan entre l'afflux méridien de chaleur du sud au nord, le refroidissement de l'atmosphère par rayonnement et la chaleur latente libérée d'une part, l'énergie cinétique moyenne de la partie turbulente du courant vertical de chaleur d'autre part.

Die Bedeutung der außertropischen Zyklonen für den meridionalen und vertikalen Austausch von Wärme und für die Erzeugung kinetischer Energie im Sinne von MARGULES wurde in der ersten Darstellung der Polarfronttheorie von BJERKNES und SOLBERG [1] klar ausgesprochen. In allgemeinerer Form wurden später die entsprechenden Großaustauschvorgänge in ihren Beziehungen zur allgemeinen Zirkulation der Atmosphäre in der „Physikalischen Hydrodynamik" [2] dargelegt. Schon früher hatte DEFANT [4] die Notwendigkeit eines solchen Großaustausches nachgewiesen und gezeigt, daß der entsprechende Austauschkoeffizient des meridionalen Austausches von der Größenordnung 10^8 g cm^{-1} sec^{-1} sein muß.

In seinem Vortrag gab J. BJERKNES einige synoptische Beispiele. aus denen der Mechanismus dieses Großaustausches zu sehen ist. Ich benutze die Gelegenheit, dieses spezielle Problem etwas weiter zu beleuchten.

Man kann den meridionalen Austausch, der in typischen Zyklonen stattfindet, synoptisch abschätzen. Der Meridionalaustausch einer kräftigen, jungen Zyklone der mittleren Breiten ist nach PALMÉN und NEWTON [8] so groß, daß nur vier bis fünf solche Zyklonen genügen, um den notwendigen meridionalen Transport von Wärme und Impulsmoment zu liefern. Dieser lebhafte Transport wirkt natürlich nur während einer verhältnismäßig kurzen Zeitperiode, und andere atmosphärische Störungen beeinflussen selbstverständlich auch diesen Transport.

Besonders interessant ist der vertikale Großaustausch der Wärme in zyklonalen Störungen. Dieser beruht auf der Korrelation zwischen Temperatur und Vertikalbewegung im Zyklonengebiet. Ein Beispiel dieses Prozesses geben die Abb. 1—3, die die synoptischen Karten einer amerikanischen Zyklone wiedergeben und weiter die thermische Struktur der Atmosphäre und die Verteilung von Temperatur und Vertikalbewegung in einem zonalen Querschnitt darstellen. Von diesen zeigt Abb. 3 deutlich die positive Korrelation zwischen Temperatur und Vertikalbewegung. Das Beispiel ist hauptsächlich einer Arbeit von Danard (1964) entnommen.

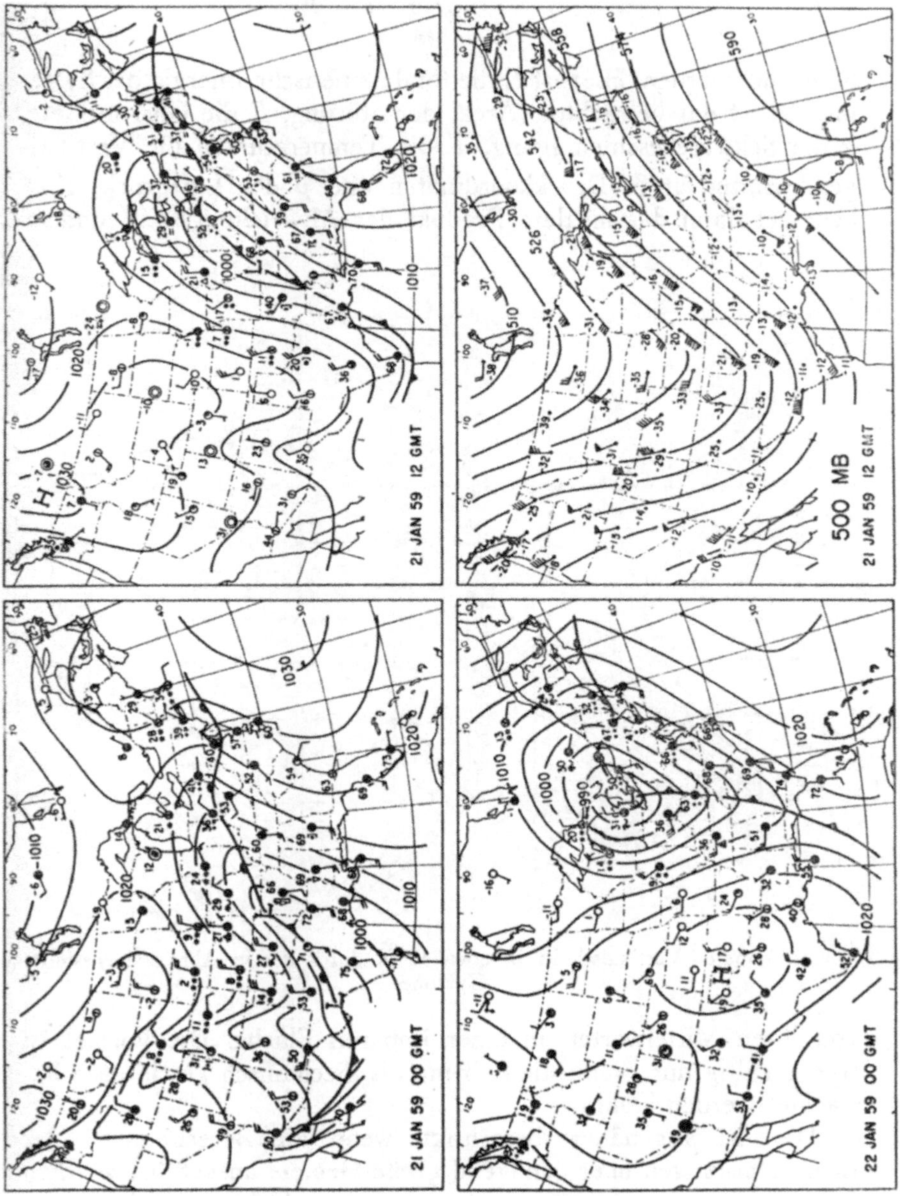

Abb. 1. Synoptische Karten für eine Zyklonenentwicklung in Amerika

Aus dieser und anderen Untersuchungen kann man die Produktion kinetischer Energie berechnen. Die Umwandlung zwischen potentieller und kinetischer Energie kann aus der Formel

$$\frac{dK}{dt} = -\frac{AR}{g}\int_{p_H}^{p_0} \frac{\overline{T'\omega'}}{p}\,dp \tag{1}$$

berechnet werden. Hier ist K die totale kinetische Energie des Systemes, A ist das betrachtete Areal der Störung, R die Gaskonstante, g die Schwerebeschleunigung, T die Temperatur, ω die Vertikalgeschwindigkeit in Druckkoordinaten und p der Luftdruck. $\overline{T'\omega'}$ bedeutet dann das mittlere Produkt der Abweichungen T' und ω'

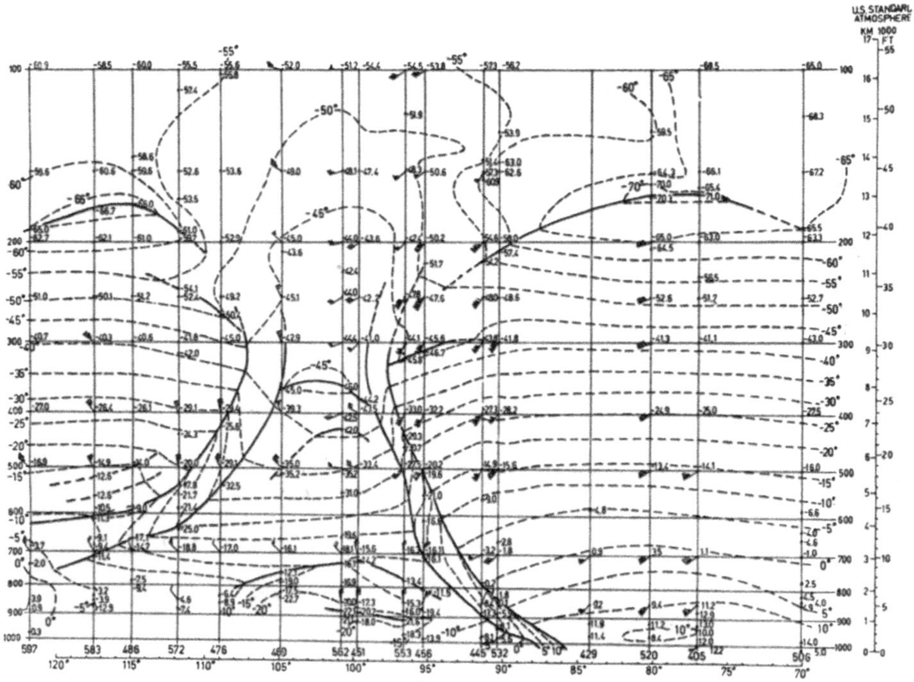

Abb. 2. Zonaler Vertikalschnitt in etwa 40° N durch die in Abb. 1 dargestellte Zyklone

von ihren Mittelwerten in einer isobaren Fläche. Die Formel ist streng gültig nur, wenn die Störung als mechanisch geschlossen betrachtet werden kann.

Dies ist angenähert berechtigt, wenn die Berechnungen der Energieleistungen über genügend große Gebiete ausgeführt werden. In besonders ausgewählten Fällen kräftiger Zyklonen erhält man Werte der Energieproduktion von der Größe 20—50 Joules pro Quadratmeter und Sekunde. Es sei bemerkt, daß Schätzungen der mittleren Dissipation infolge der Reibung für die ganz Atmosphäre nach SVERDRUP [9] und BRUNT [3] Werte von etwa 5 Joules pro Quadratmeter und Sekunde gaben. Dies zeigt wiederum, wie wir-

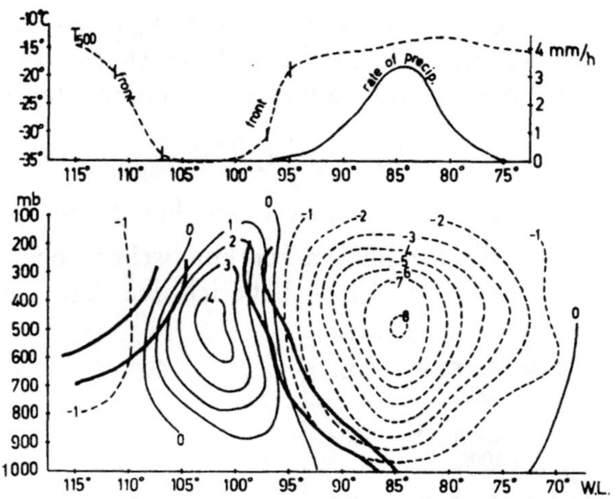

Abb. 3. Vertikalbewegung im Querschnitt der Abb. 2 (Einheit 10^{-4} cb/sec) (unten); Niederschlag pro Stunde und Temperatur in der 500mb-Fläche (oben)

kungsvoll die Energieproduktion kräftiger Polarfrontzyklonen ist. Tatsächlich genügen etwa vier bis fünf solche Zyklonen, um die kinetische Energie des außertropischen Gebietes der nördlichen Halbkugel gegen die Reibungsdissipation aufrechtzuerhalten.

Der großturbulente vertikale Wärmestrom pro Flächeneinheit ist durch $-\frac{1}{g} c_p \overline{T' \omega'}$ bestimmt. Dieser ist wegen der negativen Korrelation zwischen T' und ω' in jungen Zyklonen aufwärtsgerichtet. Der Zusammenhang zwischen der Energieerzeugung in Zyklonen und dem aufwärtsgerichteten großturbulenten Wärmestrom ist deshalb klar. Man kann diesen turbulenten Wärmestrom im ganzen außertropischen Gebiet aus einer Bilanz zwischen der meridionalen Wärmezufuhr am Südrand des Gebietes, der Strahlungsabkühlung der Atmosphäre und dem Freiwerden der latenten Wärme berechnen. Die meridionale Wärmezufuhr im Winter hat MINTZ [6] berechnet, die Kondensationswärme kann z. B. aus MÖLLERS [7] Werten des mittleren Niederschlages ermittelt werden, und für die Strahlungsabkühlung kann man die Werte von LONDON [5] benutzen.

Abb. 4 zeigt den berechneten mittleren vertikalen Wärmestrom durch verschiedene Isobarenflächen im Winter im ganzen Gebiet nördlich der Breite 32° N. Alle Werte sind hier in Kalorien pro Quadratzentimeter und Minute angegeben oder in Langley pro

Minute für die ganze Erdoberfläche des Gebietes. Dieser vertikale Wärmestrom Q_p ergibt sich aus folgender Gleichung:

$$Q_{p_1} - Q_{p_2} = Q\varphi - R_a + LP. \tag{2}$$

Hier ist $Q\varphi$ die meridionale Wärmezufuhr, R_a die Strahlungsabkühlung, LP die aus dem Niederschlag P berechnete latente Wärme. Der turbulente Wärmestrom durch eine isobare Fläche p ist dann

$$Q_p = -\frac{1}{g} c_p \overline{T' \omega'}. \tag{3}$$

Multipliziert mit $\frac{R}{c_p p}$ und integriert zwischen p_0 und p_H ergibt sich der Ausdruck für die Produktion von kinetischer Energie in Gl. (1). Aus dem Wärmestrom in Abb. 4 habe ich den Anteil der Großtur-

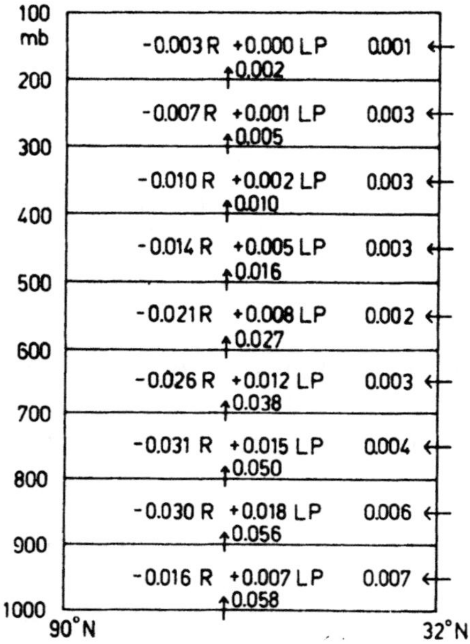

Abb. 4. Berechneter mittlerer vertikaler Wärmestrom im Winter für das ganze Gebiet nördlich der Breite 32° N. Alle Werte sind in Kalorien pro Minute und Quadratzentimeter der isobaren Flächen angegeben

bulenz zu schätzen versucht. Aus diesem Anteil läßt sich die mittlere Produktion von kinetischer Energie graphisch mittels der Abb. 5 bestimmen. Bei dieser Berechnung versuchte ich den kleinturbulenten vertikalen Wärmestrom zu eliminieren, weil dieser Teil des totalen Wärmestromes zur großzügigen kinetischen Energie nichts beiträgt. Das Ergebnis, das als vorläufig zu betrachten ist, war 5,5 Joules pro Quadratmeter und Sekunde oder 5,5 Watt pro Quadratmeter. Dieser Wert ist in guter Übereinstimmung mit der mittleren Energiedissipation in demselben Gebiet.

Aus der früheren Darstellung geht hervor, daß ein sehr bedeutender Teil dieser Energieerzeugung den Zyklonen und besonders den Polarfrontzyklonen zukommen muß. Wie groß dieser Teil ist, kann jedoch nicht exakt angegeben werden.

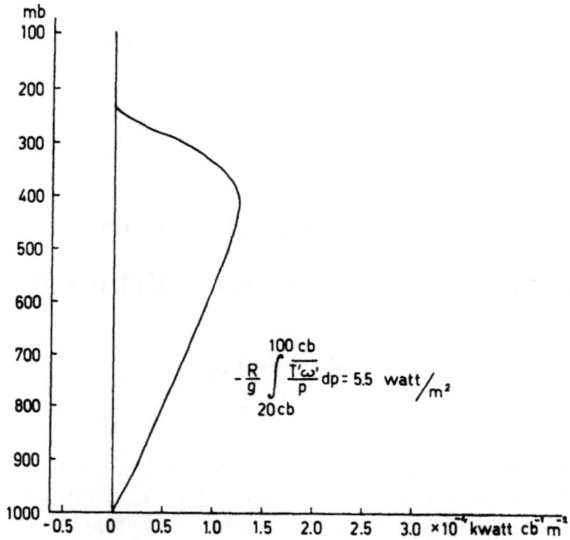

Abb. 5. Mittlere Produktion von kinetischer Energie, berechnet aus dem großturbulenten Teil des vertikalen Wärmestromes in Abb. 4. Einheit der mittleren Energieproduktion Joules pro Sekunde und Quadratmeter oder Watt pro Quadratmeter

Literatur

1. Bjerknes, J., and H. Solberg: Life Cycle of Cyclones and the Polarfront Theory of Atmospheric Circulation. Geof. Publ. **3,** 1 (1922).
2. Bjerknes, V., J. Bjerknes, H. Solberg und T. Bergeron: Physikalische Hydrodynamik. Berlin, 1933.
3. Brunt, D.: Physical and Dynamical Meteorology. Cambridge, 1934.
4. Defant, A.: Zur Bestimung der Turbulenzgrößen der atmosphärischen Zirkulation außertropischer Breiten. Sitz. Ber. Österr. Akad. Wien, Abt. II a, **130,** 383—403 (1921).
5. London, J.: Study of the Atmospheric Heat Balance. New York Univ. Dept. Meteor. and Oceanogr. Final Report, Contr. AF 19 (122)—165 (1957).
6. Mintz, Y.: Final Computation of the Mean Geostrophic Poleward Flux of Angular Momentum and of Sensible Heat in the Winter and Summer 1949. Univ. Calif., Dept. Meteor. Final Report, Contr. AF 19 (122)—48, Article 5 (1955).
7. Möller, F.: Vierteljahreskarten des Niederschlages für die ganze Erde. Petermanns Mitt. **95,** 1 (1951).
8. Palmén, E., and C. W. Newton: On the Three Dimensional Motions in an Outbreak of the Polar Air. J. Meteor. **8,** 25—39 (1951).
9. Sverdrup, H. U.: Über den Energieverbrauch der Atmosphäre. Veröff. Geophys. Inst. Univ. Leipzig, 2. Ser., **2,** 173—196 (1918).

Anschrift des Verfassers: Prof. Dr. E. H. Palmén, Högbergsgatan 1 B, Helsingfors, Finnland.

551.509.317

(Institut für Meteorologie und Geophysik der Freien Universität Berlin)

Aerologische und synoptische Wettervorhersage

Von

R. Scherhag

Mit 20 Textabbildungen

Zusammenfassung. Nach einigen Hinweisen auf die Geschichte der synoptischen Aerologie werden mehrere Probleme der gegenwärtigen Forschung auf diesem Gebiet berührt. Die Hamburger Sturmflutkatastrophe vom 16./17. Februar 1962 entwickelte sich nicht nur aus einer der stärksten über dem Nordatlantik je gelegenen Frontalzonen, sondern war auch in den höheren Luftschichten von ungewöhnlichen Drucksituationen begleitet, indem z. B. die stratosphärische Kompensation weitgehend fehlte und das winterliche stratosphärische Alëutenhoch im 10mb-Niveau am gleichen Tage seine größte, während der letzten acht Jahre festgestellte Intensität erreichte. Neuere Messungen mit dem Doppler-Radar haben bestätigt, daß in der Hochtroposphäre am Oberrand der troposphärischen Luftmassen außerordentlich starke horizontale Windscherungen vorkommen, die in den Höhenwetterkarten zweckentsprechend als Knick im Verlauf der Isopotentialen gekennzeichnet werden. Hingewiesen wird auf das Sturmtief vom 17. bis 20. Oktober 1961, das von Schottland zur Deutschen Bucht und dann, mit der sich ändernden vorherrschenden Strömung in seinem Bereich, wieder zurück zu seinem Ursprungsgebiet und dabei drei Tage lang jedesmal nahezu entgegengesetzt zur Vorhersage der europäischen Wetterzentralen zog. Anschließend wird auf die Abkühlung aufmerksam gemacht, die sich im 100mb-Niveau im Gefolge tropischer Wirbelstürme über größere Areale auszubreiten pflegt, und dann auf die Schwankungen in der Hochstratosphäre bis zum 46km-Niveau hinauf über Berlin im Sommer 1965 eingegangen. Den Abschluß bildet eine Untersuchung über die globale Verschiebung der Druckgürtel im Unwetter-Sommer 1965.

Summary. A brief survey on the history of synoptic aerology is followed by several examples of present research in this field. The Hamburg Storm of February 16 and 17, 1962 was not only the consequence of one of the strongest frontal zones which ever occurred over the North Atlantic. It was also accompanied by an unusual pressure pattern in the stratosphere, when the stratospheric compensation was nearly eliminated and the Alëutian stratospheric anticyclone gained its maximum intensity observed during the last eight years at the 10 mb surface.

Aircraft Measurements of upper tropospheric winds performed by Doppler radar revealed so strong horizontal wind shears along the horizontal boundaries of different air masses that the isobars in upper tropospheric maps should really be kicked along these shear-lines.

The European storm cyclone of October 17 to 20, 1961 is described moving from Scotland to the Bight of Heligoland, where it suddenly stopped and turned back to the very region where it was originated three days earlier. For the three days period it moved contrarily to all forecasts issued by the various European weather centers but, apparently, it moved in a strict response to the drastic changes in the direction of the maximum horizontal flow within the cyclone.

Attention is given to the cooling observed over widespread areas in the stratosphere in connection with the passage of hurricanes.

Also the variations of meteorological parameters in the upper stratosphere up to the 46 km level in summer 1965 over Berlin are discussed.

Finally, a general simultaneous southward displacement of the main northern hemispheric surface pressure belts is demonstrated. It resulted in a number of severe storms in Central and Southern Europe during summer 1965.

Résumé. Après quelques indications historiques concernant l'aérologie synoptique, on touche à divers problèmes qui se posent actuellement aux chercheurs dans ce domaine. La marée catastrophique de Hambourg des 16 et 17 février 1962 n'était pas seulement due au fait qu'on notait alors l'une des situations frontales les plus marquées connues sur l'Atlantique, mais encore parce qu'elle était accompagnée d'une répartition inacoutumée de la pression aux niveaux supérieurs. La compensation stratosphérique manquait alors presque complètement et l'anticyclone des Aléoutiennes, situé en hiver dans la stratosphère, avait atteint ce jour-là au niveau de 10 mb l'intensité maximum de ces 8 dernières années. Des mesures récemment effectuées avec un radar Doppler ont prouvé que des cisaillements de vent horizontal excessivement violents peuvent se produire dans la haute troposphère à la limite supérieure des masses d'air troposphériques. Ces mouvements de cisaillement se traduisent sur les cartes en altitude par des angles vifs dans le tracé des lignes d'égal potentiel. On se réfère également au tourbillon dépressionnaire des 17 au 20 octobre 1961, tourbillon qui s'était déplacé de l'Ecosse à la côte allemande pour revenir ensuite vers son origine par suite de la modification du courant dominant soufflant dans son aire d'action et cela durant trois jours et à l'encontre des prévisions émises par tous les instituts météorologiques européens. On rend ensuite le lecteur attentif au refroidissement qui se produit au niveau de 100 mb par suite des cyclones tropicaux, refroidissement qui peut s'étendre à de très grandes surfaces. On signale en outre les fluctuations de la stratosphère supérieure qui se sont produites jusqu'au niveau de 46 km à Berlin en été 1965. Enfin, on indique une recherche entreprise sur le déplacement global des ceintures de pression au cours de l'été exceptionnel de 1965.

1. Zur Geschichte der aerologischen Synoptik

Wenn wir heuer zur 100-Jahrfeier der synoptischen Wetterkarten in Österreich versammelt sind und bei dieser Gelegenheit auch die synoptische Aerologie behandelt werden soll, so kann wohl kein Zweifel bestehen, daß es sich dabei um einen viel jüngeren Zweig der Synoptik handelt. Blättert man aber ein wenig in der älteren Literatur, dann entdeckt man, daß die ersten Anfänge der synoptischen Aerologie auch schon fast 100 Jahre zurückliegen. Bereits 1874 wird von Carl Jelinek und Julius Hann [1] in der Zeitschrift der Österreichischen Gesellschaft für Meteorologie darauf hingewiesen, daß die Luft sich in der Höhe aus den Zyklonen spiralförmig auswärts bewege. 1877 formuliert Clement Ley [2] in einer umfangreichen Abhandlung bereits die Steuerungsregel in dem Satz, *daß die Bahn eines Sturmes innig verknüpft sei mit dem Laufe der oberen Wolken.* Schon 1879 erhob Julius Hann [3] die Forderung, *die Luftdruckverteilung in den höheren Schichten der Atmosphäre zu kennen wäre ebenso wichtig wie die Kenntnis der Verteilung an der Erdoberfläche, ja noch wichtiger, weil letztere zumeist durch die erstere bedingt wird* ([3], S. 41). Weniger als ein Jahrzehnt später veröffentlichte Wladimir Köppen [4] bereits die erste, nach der von ihm sehr anschaulich erläuterten Methode der graphischen Addition aus dem Bodendruckfeld und der mittleren Temperaturverteilung berechnete synoptische Höhenwetterkarte des 2500m-Niveaus für das gesamte östliche Gebiet von Nordamerika und den angrenzenden Teil des Nordatlantischen Ozeans ([4], S. 480), nachdem er für 1000 m Höhe eine solche Karte bereits für den 9. August 1881 gezeichnet, aber leider nicht publiziert und schon zwei Jahre vorher [5] den klassischen, sowohl das barotrope als auch das barokline Modell enthaltenden und bereits auf die Vorzugsstellung der 500mb-Fläche hinweisenden Satz formuliert hatte ([5], S. 163): *„Die Fortpflanzung der Depression geschieht in der Richtung der nach ihrer Gesamtenergie überwiegenden Luftströmung in derselben und in ihrer Umgebung; da die Bewegungsverhältnisse in verschiedenen Höhen des Wirbels verschieden sind, so ist für die Fortpflanzung des Wirbels nicht der Bewegungszustand der untersten Schicht, sondern jener der Gesamtheit der Schichten maßgebend, wofür, da die Änderungen mit der Höhe kontinuierlich sind, im allgemeinen der Zustand einer mittleren Schicht eingesetzt werden kann.“*

Wenn auch schon vom Jahre 1903 an im Wetterbericht der Hamburger Seewarte mit der Veröffentlichung der ersten Aufstiegsergebnisse begonnen wurde, so reichten diese spärlichen Messungen doch nicht aus, um die Vorgänge in der höheren Atmosphäre synoptisch zu erfassen. Erst während des ersten Weltkrieges wurden die ersten synoptischen Darstellungen für die höheren Luftschichten zur Verbesserung der Wettervorhersagen herangezogen. Auf diesen Erfahrungen beruhend, hat das British Meteorological Office bereits am 1. Januar 1919 mit der täglichen Herausgabe einer besonderen Upper Air Section seines Daily Weather Reports begonnen, in dem zunächst die Windverteilung über den Britischen Inseln in mehreren troposphärischen Schichten enthalten war, wobei die dort sehr sorgfältig durchgeführten Beobachtungen des Wolkenzuges eine äußerst wertvolle Ergänzung der damals bei schlechtem Wetter überhaupt nicht möglichen Pilotisierungen darstellte. Ihm folgte, auf Initiative von ALFRED WEGENER, sehr bald die Deutsche Seewarte mit dem gelegentlichen Abdruck von Karten der Druckverteilung in 2500 m Höhe, die aber, ebenso wie die ersten Karten von KÖPPEN, lediglich mit Hilfe der Bodenwerte berechnet wurden. Die erste auf diese Weise konstruierte „theoretische Höhenwetterkarte" ist im Wetterbericht der Deutschen Seewarte vom 1. November 1919 enthalten. Das British Meteorological Office war dann die erste Institution, die etwa ein Jahrzehnt später mit dem regelmäßigen Abdruck von Höhenwetterkarten aufgrund von Flugzeugmessungen begann, aber diese Karten bezogen sich nur auf die unteren Schichten, nämlich das 1000- und 2000m-Niveau.

Als der eigentliche Beginn einer synoptischen Aerologie kann der 1. September 1934 angesehen werden. An diesem Tage begann die Deutsche Seewarte mit der regelmäßigen Veröffentlichung der relativen und absoluten Topographie der 500mb-Fläche und der tabellarischen Darstellung aller aerologischen Beobachtungen. Am 1. Januar 1942 wurde der gleiche Bericht durch Hinzunahme der täglichen Karten der relativen und absoluten Topographie der 225- und 97- bzw. 96mb-Flächen, die damals bei der Zentralen Wetterdienstgruppe in Potsdam analysiert wurden, erweitert und damit eine wichtige Grundlage für die Synoptik der Stratosphäre geschaffen. Schon am 1. Januar 1949 wurde im damaligen Täglichen Wetterbericht des Deutschen Wetterdienstes der US-Zone in Bad Kissingen an diese Tradition angeknüpft, die Veröffentlichung aller Höhenkarten wieder aufgenommen, zugleich mit dem Abdruck von zirkumpolaren 500mb-Karten begonnen und damit die moderne Periode der synoptischen Aerologie eingeleitet, die uns heute tägliche Hemisphärenkarten für verschiedene Niveaus von der 850- bis zur 10mb-Fläche zur Verfügung stellt.

Die Einführung der Höhenwetterkarten erschloß der synoptischen Meteorologie die dritte Dimension. Begriffe, wie die Frontalzone, die Strahlströmung, Richtungs- und Geschwindigkeitsdivergenz bzw. Diffluenz, wurden geprägt und die stratosphärische Kompensation untersucht. In der oberen Stratosphäre wurde während der letzten Jahre das winterliche Aleutenhoch als eine Folge der japanischen Strahlströmung entdeckt. Bei der Hamburger Sturmflutkatastrophe vom 16./17. Februar 1962 vereinten sich die troposphärischen und stratosphärischen Effekte in so einzigartiger Weise, daß dies anhand einiger Abbildungen erläutert werden soll.

2. Bemerkungen zur Hamburger Sturmflutkatastrophe vom 16./17. Februar 1962

Am Morgen des 16. Februar 1962 (Abb. 1), als das Tiefzentrum [6] vor der norwegischen Westküste angelangt war und das Druckgefälle von dort bis zum nordwärts verschobenen Azorenhoch schon am Boden 90 mb betrug, zielte im 300mb-Niveau (Abb. 2) eine Frontalzone mit Windgeschwindigkeiten bis zu 400 km/h vom Nordatlantik direkt auf Mitteleuropa. Im Diffluenzgebiet dieser Frontalzone wehten die Höhenwinde zum Teil merklich gegen den hohen

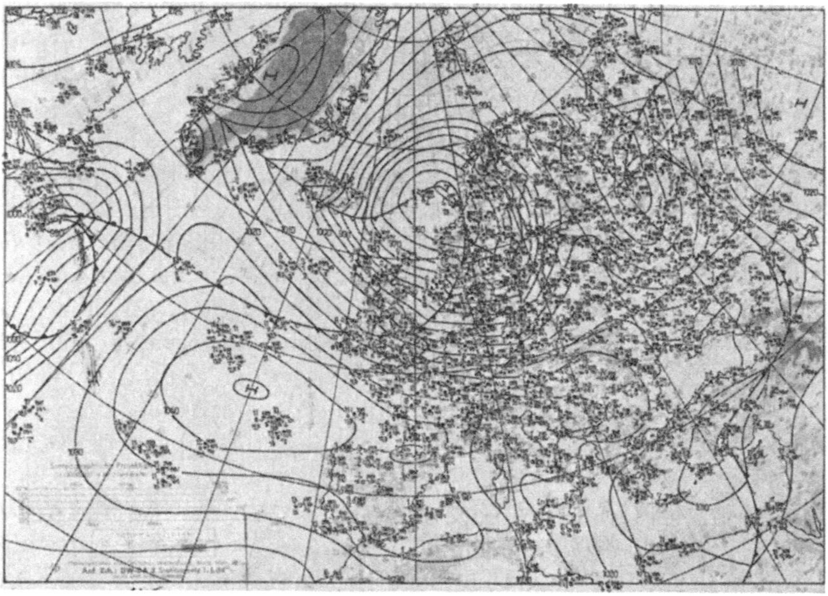

Abb. 1. Wetterlage am 16. Februar 1962, 06 GMT

Druck. Diese ageostrophische Komponente der Höhenströmung war über den Shetland-Inseln besonders im 200mb-Niveau (Abb. 3) ausgeprägt und muß teilweise mehr als 20^0 betragen haben. Die stratosphärische Kompensation war in dieser Schicht zwar vor allem über dem Gebiet der Faröer noch ausgeprägt, verlor sich aber mit der Höhe sehr rasch. In der Nacht zum 17. Februar 1962 (Abb. 4) war sie schon im 100mb-Niveau völlig verschwunden. In 30 mb war das Temperaturgefälle zwischen Irland und den Faröern mit 15^0 genau so groß wie in der mittleren Troposphäre und nahm bis zum 10mb-Niveau (Abb. 5) sogar noch weiter zu. Über Berlin, wo der Radiosondenballon an diesem Tage mehr als 300 km nach Nordosten ab-

Abb. 2
Höhenwetterkarte der 300mb-Fläche am 16. Februar 1962, 00 GMT

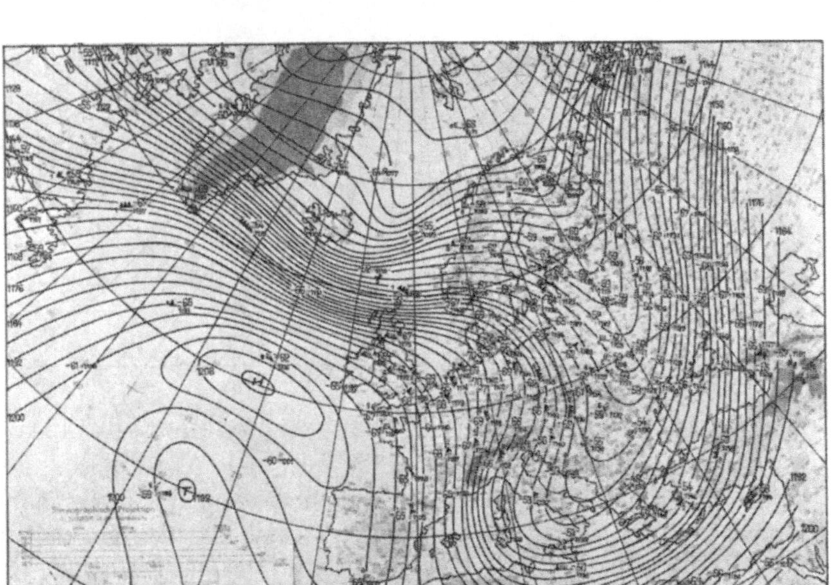

Abb. 3
Höhenwetterkarte der 200mb-Fläche am 16. Februar 1962, 00 GMT

getrieben sein muß und trotzdem eine Windmessung bis 11 mb hinauf gelang, war in dieser Höhe eine Erwärmung auf —28° er-

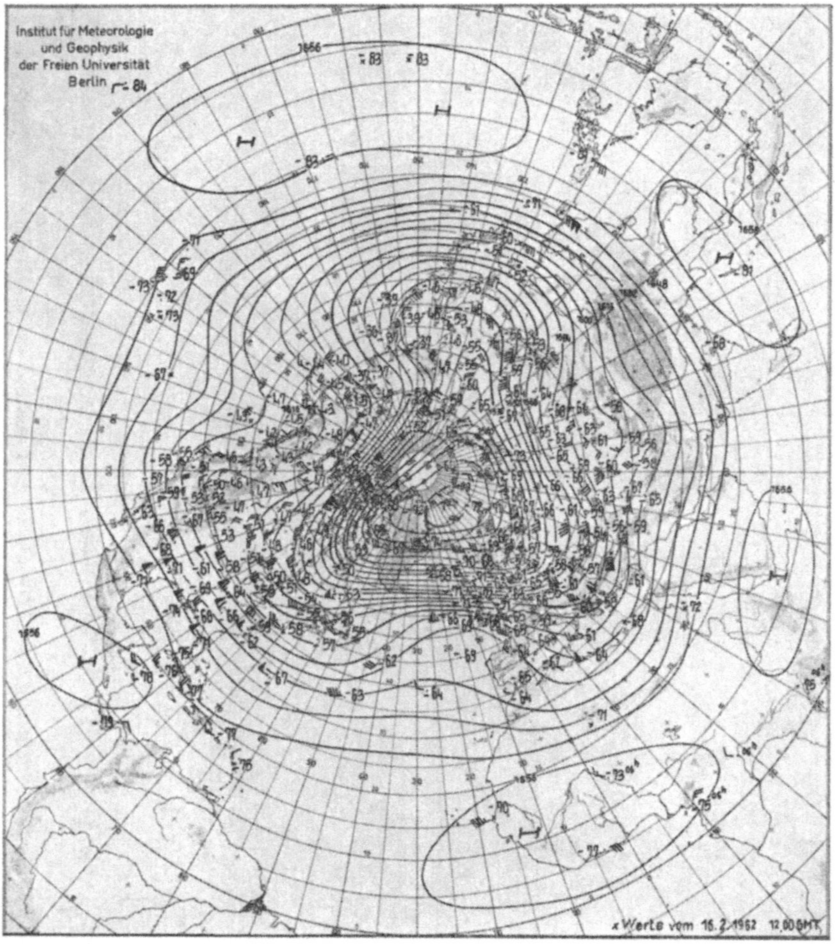

Abb. 4. Höhenwetterkarte der 100mb-Fläche am 17. Februar 1962, 00 GMT

folgt, während es im gleichen Niveau über dem mittleren Nordatlantik 45° kälter war. Es ist eine interessante Tatsache, daß an diesem 17. Februar 1962 das winterliche stratosphärische Aleutenhoch im 10mb-Niveau die größte Intensität der ganzen uns jetzt zur Verfügung stehenden und bis 1957 zurückreichenden Beobachtungsperiode aufwies, wobei der stratosphärische Polarwirbel mit seinem Zentrum deutlich nach Europa verschoben war. Da der Aufbau des stratosphärischen Alëutenhochs von der Entwicklung der ostasiatischen Frontalzone abhängt, scheinen auch dazu Beziehungen

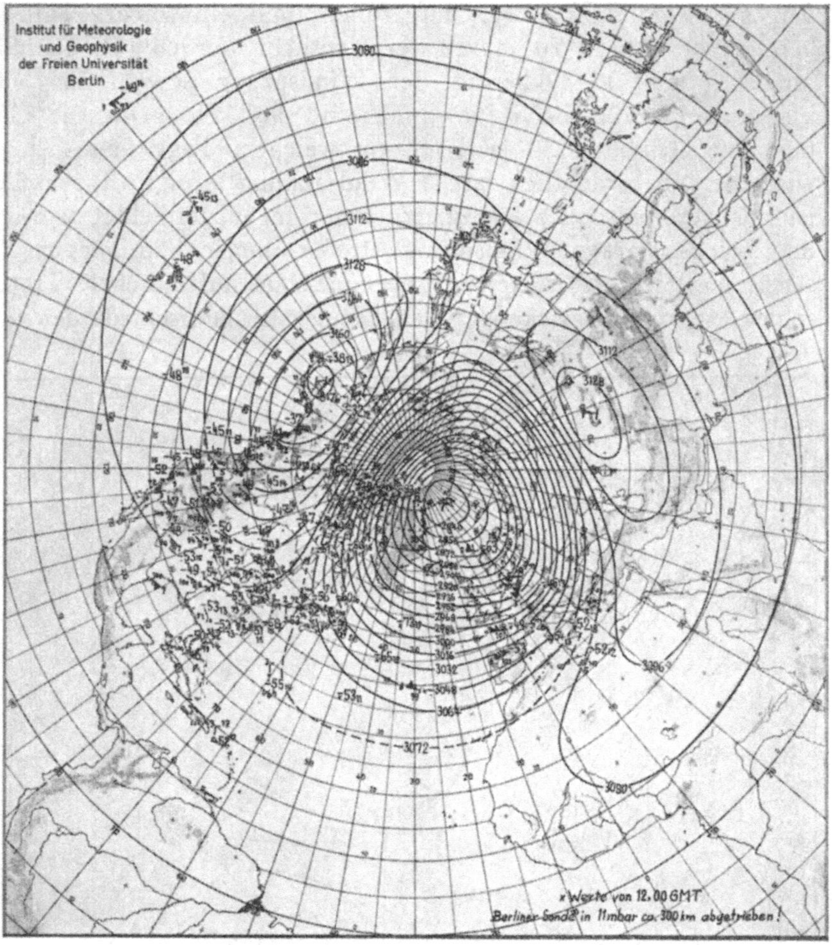

Abb. 5. Höhenwetterkarte der 10mb-Fläche am 17. Februar 1962, 00 GMT

vorhanden zu sein, die aber noch nicht näher untersucht werden konnten.

3. Windsprünge in der Hochtroposphäre

In der 300mb-Karte von 16. Februar 1962 (Abb. 2) ist die vordere Begrenzung der Warmluft des Hamburger Katastrophentiefs durch eine gestrichelte Linie angedeutet worden, an der die Isopotentialen als Knick gezeichnet wurden. Daß in der oberen Troposphäre derart ausgeprägte Windsprünge vorkamen, daß sie bei dem in den synoptischen Höhenkarten üblichen kleinen Maßstab wie bei den Bodenkarten durch einen Knick gezeichnet werden sollten, war schon im Jahre 1945 aufgefallen, und ein solcher Fall ist bereits vor nahezu 20 Jahren veröffentlicht worden [7]. Damals, am 5. Januar 1945, betrug der Windsprung sowohl im 500- als auch im 225mb-Niveau annähernd 90°. H. Flohn [8] hat den 7. September 1956 erwähnt, an welchem Tage über Schleswig eine außerordentlich rasche Winddrehung erfolgte. Inzwischen ist das aerologische Stationsnetz immer mehr verdichtet worden, und solche starken Windsprünge treten immer häufiger in Erscheinung. Sie beschränken sich aber meistens auf die obere Troposphäre, wo die Auswirkungen der Temperaturunterschiede der ver-

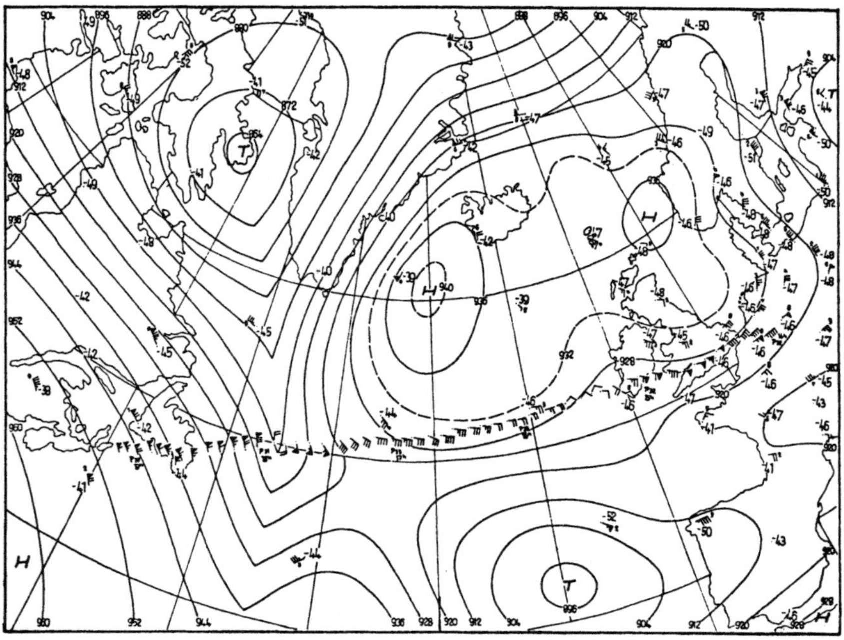

Abb. 6. Sechsminütige Auswertung der mit Doppler-Radar durchgeführten Windmessungen auf dem Lufthansa-Flug vom 2. Juni 1963 (nach J. Sussebach)

schiedenen Luftmassen am größten sind und klingen sowohl nach unten hin als auch in der Stratosphäre mit zunehmender Höhe unter der Wirkung der Kompensation rasch ab. J. Sussebach [9] ist in seiner Diplomarbeit, in der die Ergebnisse der von der Deutschen Lufthansa auf ihren Ozeanflügen durchgeführten Doppler-Radar-

Windmessungen in bezug auf die vorkommenden Windscherungen untersucht werden, zu dem eindeutigen Ergebnis gekommen, daß es tatsächlich in vielen Fällen angebracht ist, solche hochtroposphärischen Stromgrenzen durch einen Knick zu verdeutlichen. Auf einem am 6. Juni 1963 durchgeführten Flug erfolgte z. B. eine Drehung um mehr als 90^0 innerhalb von zwei Flug-Minuten, was einer Horizontalentfernung von etwa 30 km entspricht. Am 2. Juni 1963 (Abb. 6) erfolgte der Übergang von einem SSE-Wind 100 km/h in einen NNW-Wind 160 km/h innerhalb von 18 Minuten, was einer Sche-

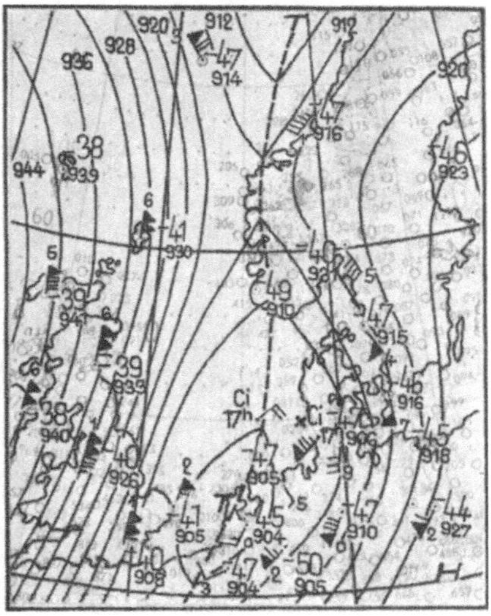

Abb. 7. Höhenwetterkarte der 300mb-Fläche vom 1. September 1965, 12 GMT

rung von 260 km/h auf 270 km oder von 1 km/h je 1 km Horizontalentfernung entspricht und in den gebräuchlichen Kartenmaßstäben auch zu echten Knicken im Bahnverlauf der Transosonden führt. Ich selbst konnte während meines letzten Urlaubs auf Sylt im Zentrum eines sich durch herrliches, windstilles Wetter auszeichnenden Kaltlufttropfens zum ersten Mal eine solch hohe Windscherung direkt beobachten, indem ich am 1. September 1965 von Kampen auf Sylt aus zugleich im Westen in etwa 4^0 Höhe eine sich langsam von NE nach SW mit etwa 20 km/h bewegende Cirruswolke ausmachen konnte, während im SE in etwa 10^0 Höhe der mit mindestens 150 km/h aus SW ziehende äußerste Cirrus-Rand eines Aufgleitwolkengebietes deutlich erkennbar war. Die erwähnten Beobachtungen sind in die 300mb-Karte des 12Uhr-Termins jenes Tages eingezeichnet worden (Abb. 7) und verdeutlichen die damals aufgetretene große Windscherung in der oberen Troposphäre, wobei noch bemerkt sei, daß die geschätzte große Geschwindigkeit der Aufgleitbewölkung mit der 12 Uhr-Messung von Hannover übereinstimmt und die rasche nördliche Verlagerung dieses Starkwindfeldes auf einen in schneller Verstärkung begriffenen Aufgleitprozeß zurück-

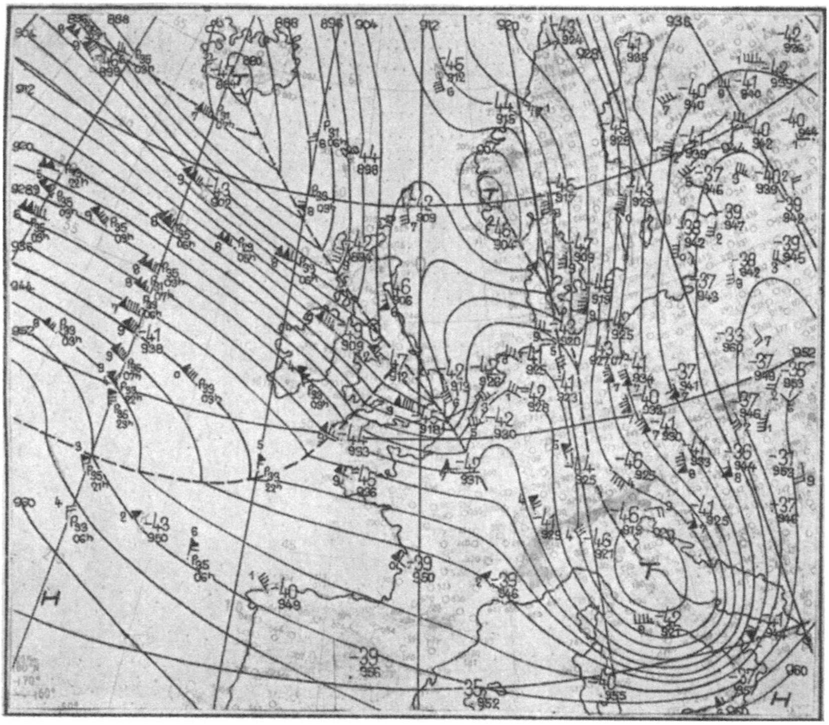

Abb. 8. Höhenwetterlage im 300mb-Niveau am 25. August 1965, 00 GMT

zuführen war, der die italienisch-österreichische Unwetterkatastrophe einleitete.

Einige Tage vorher hatte ich schon auf Sylt einen plötzlich hereinbrechenden orkanartigen Sturm mit Böen bis zu 59 Knoten erlebt, der einen Vergleich zwischen den in Bodennähe und den in der oberen Troposphäre auftretenden Windscherungen ermöglicht. Um 12 Uhr MEZ dieses Tages lag die erwähnte Konvergenzlinie am Boden unmittelbar vor Sylt. Zum 9 Uhr-Termin hatte sie aber das etwa 40 km westlich von Helgoland stationierte Feuerschiff P 8 noch nicht passiert, woraus sich eine Zuggeschwindigkeit von etwa 40 km/h berechnet. Ich verdanke dem Leiter der Medizin-Meteorologischen Beratungsstelle Wyk auf Föhr, Herrn Dr. W. Leistner, eine Kopie der Registrierung des dortigen Fueßschen Windschreibers, aus der hervorgeht, daß sich die Winddrehung von SSE auf WNW über einen Zeitraum von etwa 1 Stunde erstreckte, was bei der herrschenden Verlagerungsgeschwindigkeit der Konvergenzlinie

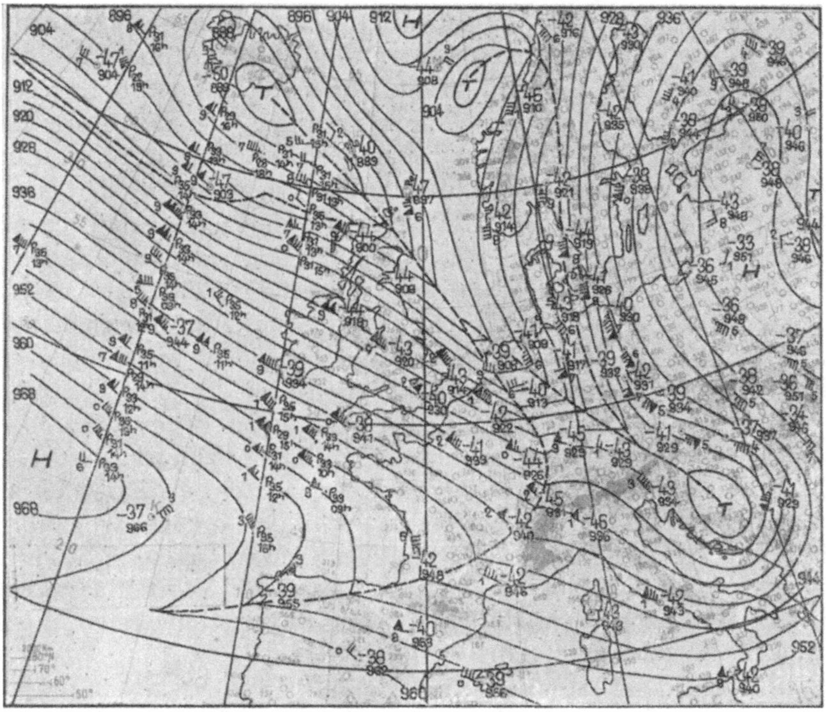

Abb. 9. Höhenwetterlage im 300mb-Niveau am 25. August 1965, 12 GMT

einer Entfernung von 40 km entspricht. Der Übergang von SSE 12 m/sec auf WNW 15 m/sec spielte sich in zwei Stunden ab, woraus sich eine horizontale Windscherung von 27 m/sec^{-1} = 100 km/h auf 80 km Distanz oder von der gleichen Größenordnung von etwa 1 km/h je 1 km Entfernung berechnet, wie sie von Sussebach für das 300-mb-Niveau festgestellt wurde. Wenn eine solche Windscherung aber am Boden ohne weiteres als Knick dargestellt wird, dann muß dies in Höhenkarten kleineren Maßstabes erst recht geschehen, in denen ein Abstand von 80 km bei einer Verkleinerung von 1 : 25 000 000 nur der Dicke eines Bleistiftstriches von 0,7 mm entspricht.

Entsprechend wurde bei den in Abb. 8 und 9 dargestellten Analysen der 300mb-Karten dieses Tages verfahren. Es handelt sich dabei um einen einzig dastehenden Fall mit zwei räumlich nahe zusammenfallenden, außerordentlich starken Windscherungen. Von diesen scheidet die um 0 Uhr (Abb. 8) quer durch Deutschland verlaufende Scherungslinie einen Vb-artigen Aufgleitprozeß im Osten von einem neuen Warmluftvorstoß von Westen, dessen weit fortgeschrittene Okklusion noch durch einen deutlichen Höhenhochdruckkeil markiert ist. Die diesen Keil nach Westen hin begrenzende Kaltluft ist durch einen neuen, noch weiter westlich über dem Atlantik initiierten großen Warmluftvorstoß bereits derart eingeengt worden, daß sich eine zweite spitze Troglinie quer durch England erstreckt. Daß diese vielleicht zunächst ungewöhnlich erscheinende Form einer Höhenanalyse die wahren Verhältnisse in der Natur besser wiedergibt als eine nach der konventionellen Methode gezeichnete Karte, geht aus einem Vergleich mit der im Täglichen Wetterbericht des Deutschen Wetterdienstes enthaltenen 300mb-Karte hervor, nach der man z. B. über Hemsby an der englischen Südostküste statt des zu diesem Termin wehenden SSE-Windes von 80 km/h eher einen SW-Wind erwarten würde.

Bis zum 12Uhr-Termin dieses Tages (Abb. 9) ist der obere Warmluftkeil vollständig verschwunden. Damit hat auch der Druckfall nahezu aufgehört und unter dem noch weiter verschärften Trog sehr starker Druckanstieg eingesetzt, der zu dem orkanartigen Sturm im Nordseegebiet führte. Der vom Ozean ausgegangene Warmluftvorstoß wirkt sich bis nach Südwest-Europa hin durch eine ausgeprägte Höhenkonvergenzlinie aus, die der Boden-Konvergenzlinie in einigem Abstand nachfolgt.

4. Der Irrweg des Tiefs vom 17. bis 20. Oktober 1961

Wenn das soeben besprochene Beispiel gezeigt hat, wie verwikkelt die Strömungsverhältnisse in der oberen Troposphäre sein können, so soll in diesem Zusammenhang auch ein anderer, in einer Diplomarbeit von K. BUHLMANN [10] bearbeiteter Fall erwähnt werden, bei dem eine Nordsee-Sturmzyklone in so verwickelter Weise von der Strömung in den oberen Luftschichten gesteuert wurde, daß der Bodentiefkern über der Deutschen Bucht und über Holland zwei volle zyklonale Schleifen durchlief und drei Tage später über Schottland wieder fast an der gleichen Stelle eintraf, wo er entstanden war; eine Situation, bei der alle europäischen Vorhersage-Zentralen in ihren Vorhersagekarten ebenfalls drei Tage hintereinander fast genau die entgegengesetzte Zugrichtung des Wirbels annahmen, als sie dann tatsächlich eintrat. Dieses Ereignis, das wir auf einer nach Norddeutschland zum Zwecke des Studiums von Sturmzyklonen durchgeführten Exkursion aus erster Hand kennenlernten, wobei statt des am Sturmsignalmast von Wyk drei Tage lang gehißten Signals Nordweststurm ein allmählich an Stärke abnehmender Ostwind wehte, ist in Abb. 10 skizziert. Am 17. Oktober,

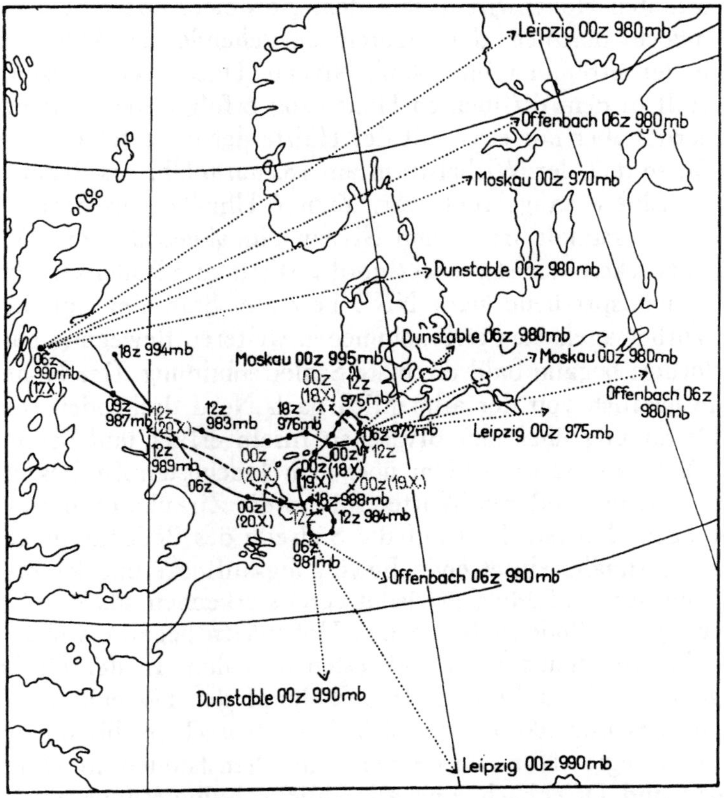

Abb. 10. Zugbahn des Tiefs vom 17. bis 20. Oktober 1961 am Boden (•——•) und im 500mb-Niveau (X – – – X) sowie die an den einzelnen Tagen vorhergesagten Positionen (· · ·>)

als sich der Tiefkern über Schottland bildete, wurde von allen Zentralen, deren Vorhersagekarten aufgenommen wurden, dessen Verlagerung nach Skandinavien angenommen, während er in Wirklichkeit zur Deutschen Bucht zog. Nun wurde allgemein eine Fortbewegung nach Ost bis Nordost vorhergesagt, aber das Tief vollführte bald seine erste Schleife und zog schließlich in die nahezu entgegengesetzte Richtung nach Südwest. Am 19. Oktober sagten die Zentralen in Dunstable, Leipzig und Offenbach eine weitere Fortbewegung in südlicher bis östlicher, Moskau hingegen eine solche in nördlicher Richtung voraus. Das Tief selbst vollführte aber seine zweite Schleifenbewegung und zog dann in der einzigen, von keiner Stelle vorhergesagten Richtung, nämlich nach Westen.

Die Ursache dieser ungewöhnlichen Zugbahn lag in den Änderungen der mittleren Strömung begründet. Zunächst folgte der in einer ausgeprägten westnordwestlichen Strahlströmung zwischen einem kalten Höhenwirbel über dem Nordmeer und einem warmen Höhenhoch nördlich der Azoren entstehende Tiefkern ziemlich genau der Strömung im 500mb-Niveau. Durch den starken Luftdruckfall in dem diffluenten Höhentrog erfolgte die Fortbewegung des Kernes aber nur etwa mit der Hälfte der erwarteten Geschwindigkeit, so daß der Wirbelsturm am 18. um 6 Uhr erst beim Feuerschiff „Elbe 1" angelangt war. Zum 0 Uhr-Termin dieses Tages hatte sich erstmals im 500mb-Niveau ein abgeschlossener Wirbelkern entwickelt, der etwas westnordwestlich vom Bodenkern lag, der sich dementsprechend nach NNE bewegte. Statt der nun in allen vier Vorhersagekarten angenommenen weiteren Bewegung nach Ost bis Nordost begann bald die erste Schleifenbildung. Der Höhenkern wurde nämlich von der allmählich nach Nord drehenden stärksten Strahlströmung über den Britischen Inseln erfaßt und befand sich im 500mb-Niveau um 12 Uhr über dem Jadebusen. Zu diesem Zeitpunkt war, mit anderen Worten, die in die Zirkulation dieses Tiefs einbezogene kälteste Luft auf die Südseite des Bodenkerns gelangt. Die in Kernnähe einsetzende Bewölkungsauflockerung konnten wir von Föhr aus am Südwesthorizont bereits erkennen, als eine Kreiselbewegung des Bodentiefs um den Höhenkern begann, wobei dieser bald eine Bewegung nach Südwesten aufnahm. In der Nacht zum 19. gelangte die kälteste Luft und damit der Höhenkern auf die Ostseite des Bodenkerns, der sich dementsprechend bis 6 Uhr nach Süden bewegte. Nun wurde von den Dienststellen in Dunstable, Leipzig und Offenbach eine allmähliche Bahndrehung nach Südost angenommen, während man in Moskau eine Bewegung nach NNE vorhersagte. Es begann aber eine neue Überraschung. Mit der besonders deutlich im 300mb-Niveau erfolgten Ausbildung eines neuen Wirbelkerns über Ostfrankreich begann das nordwestdeutsche 500mb-Tief nach Westen zu triften, wobei ihn das Bodentief in einer zweiten Schleife umkreiste. Die Achse dieses Wirbels stellte sich zugleich immer senkrechter, so daß sich am 20. Oktober um 6 Uhr der gesamte Wirbel in der einzigen, von keiner Stelle vorhergesagten Richtung, nämlich nach Westen, verschoben hatte. Inzwischen hatte sich der vorübergehend über Ostfrankreich entstandene zweite Höhenkern wieder aufgelöst. Die südöstliche Höhenströmung über Deutschland war mittlerweile infolge hohen Druckanstieges über Nordost-Europa stärker geworden als die Nordströmung im Westsektor des Wirbels, und damit verlagerte sich dieser bis zum Abend des 20. Oktober fast wieder zum gleichen Punkt nach Nordengland zurück, wo er drei Tage vorher entstanden war. Eine Nachprüfung hat ergeben, daß die Bewegungsrichtung nach dem von W. Klug [11] angegebenen Verfahren zur Ermittlung der vorherrschenden Strömung recht gut hätte ermittelt werden können, und schließlich sei noch erwähnt, daß am 19. Oktober 1936, also genau 25 Jahre vorher, ein ähnlicher Fall einer Fehlprognose vorgekommen ist, bei dem H. Müller [12] bereits die richtige Erklärung der Steuerung durch einen nachfolgenden Warmluftvorstoß gegeben hat.

5. Großräumige Abkühlung der unteren Stratosphäre über tropischen Wirbelstürmen

Von den vielen Problemen der synoptischen Aerologie und ihrer Anwendung bei der Wettervorhersage können hier nur wenige und nur solche gestreift werden, die weniger oder noch nicht bekannt sind. So sei noch auf den auffälligen Zusammenhang zwischen dem Auftreten von tropischen Wirbelstürmen im Gebiet der USA und Abkühlungen im 100mb-Niveau hingewiesen. Dieses Phänomen fiel schon im vorigen Jahr auf und trat kürzlich im Gefolge des Hurrikans Betsy ebenso deutlich in Erscheinung. Während im 300mb-Niveau das die Wirbelstürme begleitende Erwärmungsgebiet meist nicht wesentlich über den eigentlichen Wirbelkörper herausgreift, dehnt sich das zugehörige Abkühlungsgebiet im 100mb-Niveau stets über ein größeres Areal aus. So lagen z. B. die 100mb-Temperaturen am 31. August 1965 über dem Süden der Vereinigten Staaten [13] um -70^0. Elf Tage später und einen Tag, nachdem Betsy über New Orleans hinweggezogen war, lagen die 100mb-Temperaturen über dem gesamten nördlichen Teil des Golfs von Mexiko mit -80^0 um etwa 10^0 niedriger. Aus einem Vergleich der Aufstiegskurven von Jackson an den beiden Tagen geht dabei hervor, daß die Abkühlung im 100mb-Niveau eine Kompensationswirkung der in der mittleren und oberen Troposphäre eingetretenen Erwärmung darstellt.

6. Die Schwankungen der meteorologischen Parameter in der Hochstratosphäre über Berlin im Sommer 1965

Nachdem jetzt bereits für vier Jahre eine elektronische Auswertung der Berliner Radiosondenaufstiege vorliegt, konnte das Verhalten der sommerlichen stratosphärischen Ostwinde etwas näher untersucht werden (Abb. 11). Dabei zeigte sich, daß Ostwindkomponenten im Frühjahr zwar zu verschiedenen Zeiten beginnen, diese sich aber im Sommer in den einzelnen Jahren sehr ähnlich verhalten. Etwa vom Sommersolstitium an bis Mitte Juli verharren sie im 10mb-Niveau über Berlin bei 15 m/sec und verschwinden Ende August. Durch den Einsatz eines neuen Ballontyps gelang es in diesem Sommer zum ersten Male, zahlreiche Aufstiege bis über 45 km Höhe und damit bis in die Nähe der Stratopause durchzuführen. Die fünftägig

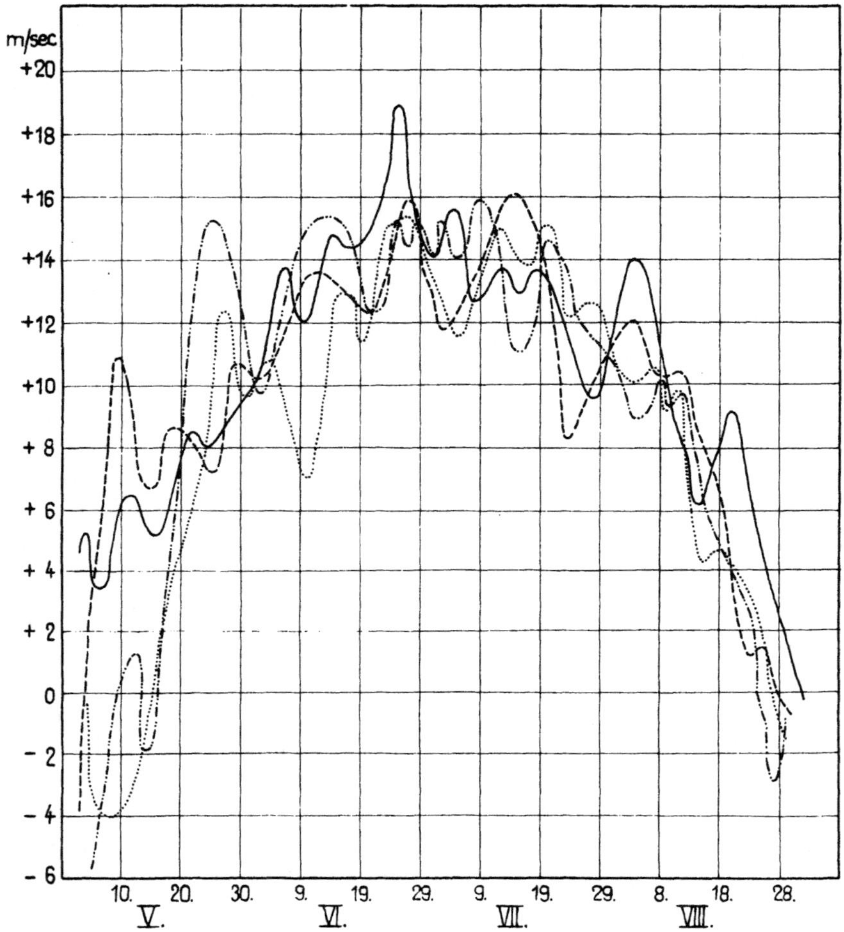

Abb. 11. Fünftägig ausgeglichene sommerliche E-Wind-Komponenten im 10mb-Niveau über Berlin in den Jahren 1962 bis 1965. 1962 —·—·, 1693 ·····, 1964 ———, 1965 – – – –

ausgeglichenen Mittelwerte der Ost- und Nordwindkomponenten für die Schichten 7 + 10 + 20 + 30 mb sind in Abb. 12 zusammen mit den E-Komponenten in 3 + 5 mb und den ebenso gemittelten Höhen der 1000-, 100- und 10mb-Flächen dargestellt, wobei schließlich noch die Einzelwerte der E-Komponenten des 1,5- bzw. 2mb-Niveaus hinzugefügt wurden und die senkrechten Linien die Tage mit Höchstwerten der E-Komponenten im 30- bis 7mb-Niveau kennzeichnen. Am meisten fällt in dieser Übersicht auf, daß die N-Komponenten etwa zur gleichen Zeit ihr Maximum erreichen wie die

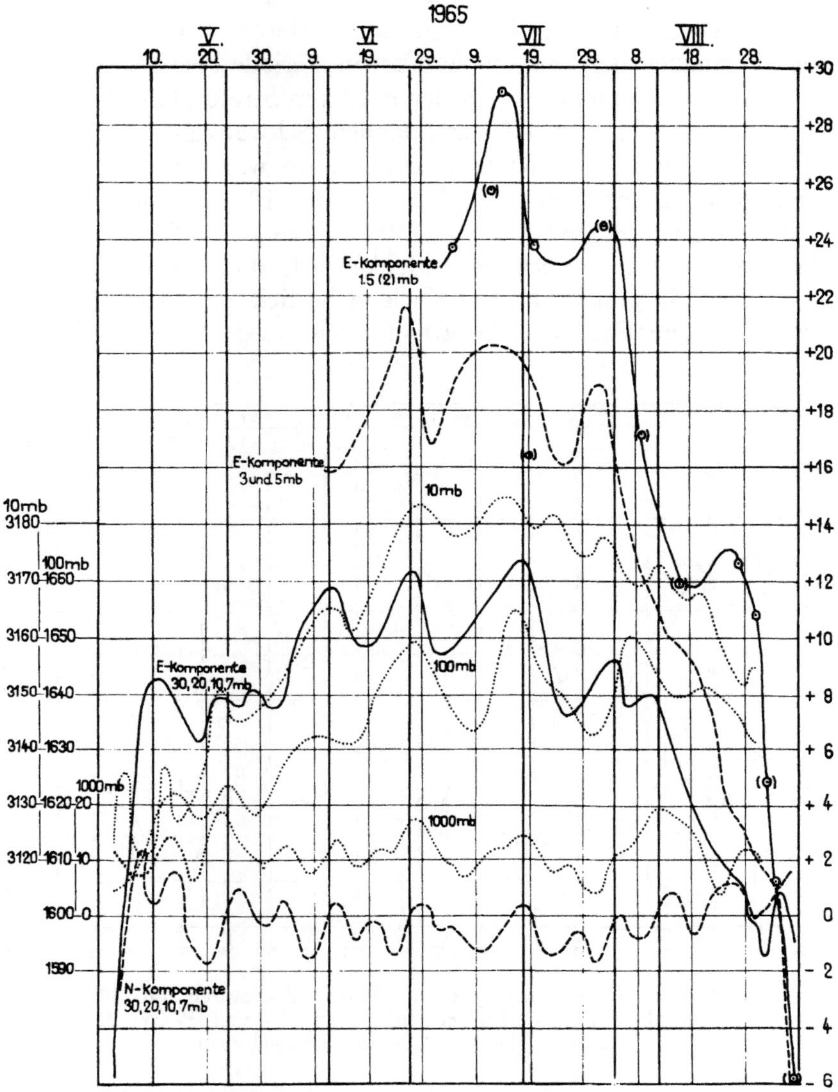

Abb. 12. Fünftägig ausgeglichene Werte der mittleren N-(— — — —) und E-(———) Komponenten des Windes im 30-, 20-, 10-, 7mb-Niveau sowie der mittleren 5- und 3mb-Fläche (— — — —), der Einzelmessungen der E-Komponenten im 1,5- ⊙ bzw. 2mb-Niveau (⊙) und der fünftägig ausgeglichenen Höhen (· · · ·) der 1000-, 100- und 10mb-Fläche über Berlin im Sommer 1965

E-Komponenten und daß diese Tage auch annähernd mit Maxima der Höhen der 1000-, 100- und 10mb-Flächen zusammenfallen. Das trifft vor allen Dingen für den 12. und 27. Juni sowie den 18. Juli und 14. August zu. Im 1,5mb-Niveau wurde die höchste Windgeschwindigkeit am 14. Juli mit 29 m/sec gemessen, und in dieser höchsten Schicht hielt der Ostwind auch am längsten, nämlich bis zum 3. September, an, während in der mittleren Stratosphäre bereits am 28. August die sommerliche Ostwindperiode beendet war.

Was die Temperaturen in der mittleren Stratosphäre betrifft, so sind die im Jahresmittel auftretenden Schwankungen auffallend gering. Während der letzten sieben Jahre war die mittlere Veränderlichkeit der Jahresmittel sowohl im 10- als auch sogar im 5mb-Niveau nicht größer als am Boden, wo sie in Berlin ebenfalls 0,6° betrug, wobei noch zu bedenken ist, daß die Meßgenauigkeit in solch großen Höhen doch sicherlich geringer sein sollte als in Bodennähe. Die zwölfmonatlich ausgeglichenen Berliner

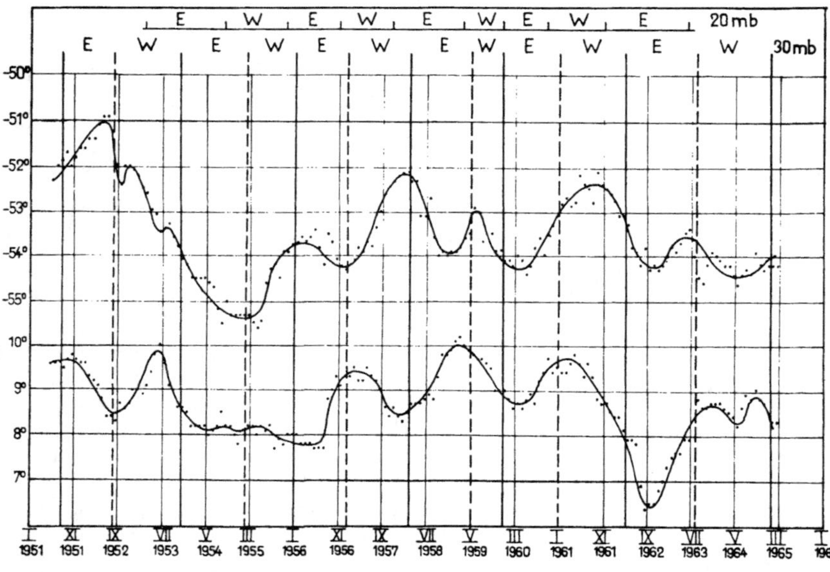

Abb. 13. Zwölfmonatlich ausgeglichene Mitteltemperaturen im 20mb-Niveau (oben) und am Boden in Berlin seit 1951 sowie E- und W-Windzeiten über Canton Island im 20- und 30mb-Niveau

Boden- und 20mb-Temperaturen zeigen hingegen deutliche Schwankungen, wobei das Kältejahr 1962 am Boden am klarsten hervortritt und sich hier auch ein merkbarer Zusammenhang mit der 2,2jährigen tropischen Windschwankung andeutet, deren nach J. R. REED

[14] bestimmte Phasen im 20mb-Niveau am Oberrand der Abb. 13 angegeben sind; für das 30mb-Niveau sind der Beginn der Ostwinde durch ausgezogene und ihr Ende durch gestrichelte, senkrecht verlaufende Linien bezeichnet. Der Vergleich ergibt, daß dem Einsetzen der Ostwindphasen im 30km-Niveau über Canton Island mit Ausnahme des Spätsommers 1951 unmittelbar die kältesten Boden-Temperaturen in Berlin folgten. Im 20mb-Niveau verlaufen zwar einige Schwankungen ähnlich, insgesamt läßt sich jedoch keine eindeutige Beziehung erkennen.

7. Die Verschiebung der Druckgürtel im Sommer 1965

Die Ausführungen über die Aerologie und die synoptische Wettervorhersage können nicht abgeschlossen werden, ohne auch den jüngsten Zweig der aerologischen Synoptik, nämlich die aerologische Klimatologie und die daraus abzuleitenden Möglichkeiten für längerfristige Vorhersagen, erwähnt zu haben. Auf dem Gebiet der aerologischen Klimatologie sind nach meiner Ansicht seit jetzt zwei Jahren überhaupt die größten Fortschritte zu verzeichnen, seitdem in den internationalen Austausch der „Climat"-Meldungen auch die mittleren Vektorwinde einbezogen worden sind. Im Mai dieses Jahres ergab die Bearbeitung dieser Karten, die monatlich als Beilage zur Berliner Wetterkarte und in der entsprechenden Veröffentlichung [15] erscheinen, nämlich eine deutliche Verschiebung der Hauptdruckgürtel in allen bearbeiteten meteorologischen Parametern, die in den folgenden Monaten persistent blieb. Im Juli verlief die Hochachse in diesem Jahre z. B. im 100mb-Niveau, wie aus der in Abb. 14 auszugsweise wiedergegebenen Mittelkarte hervorgeht und aufgrund der mittleren Windvektoren eindeutig festzustellen ist, nur wenig nördlich von Kairo. Im Vorjahr [16] verlief sie dagegen über dem östlichen Mittelmeer wahrscheinlich noch nördlich der afrikanischen Küste, was sich allerdings nicht eindeutig beweisen läßt, da aus dem betreffenden Gebiet im Jahre 1964 noch keine mittleren Vektorwinde vorlagen. Deutlich belegt ist hingegen die Verschiebung über dem Pazifischen Ozean, wo im Vorjahr über Japan südlich des 35. Breitengrades alle mittleren Vektorwinde der 100mb-Fläche ebenso eine Ostkomponente aufwiesen wie über den Hawaii-Inseln, wo dieses Jahr hingegen vorherrschend westliche Winde festgestellt wurden, wobei gleichzeitig die Windscheide über Südjapan längs des 32. Breitengrades verlief.

In Abb. 15 sind die mittleren Lagen der Hauptdruckgürtel des 100mb-Niveaus im Juli der beiden Jahre 1964 und 1965 angegeben. Es zeigt sich, daß mit Ausnahme des westlichen Nordatlantiks in diesem Jahre der subtropische Hochdruckgürtel überall deutlich südlicher lag als 1964. Noch ausgeprägter war die südliche Verschie-

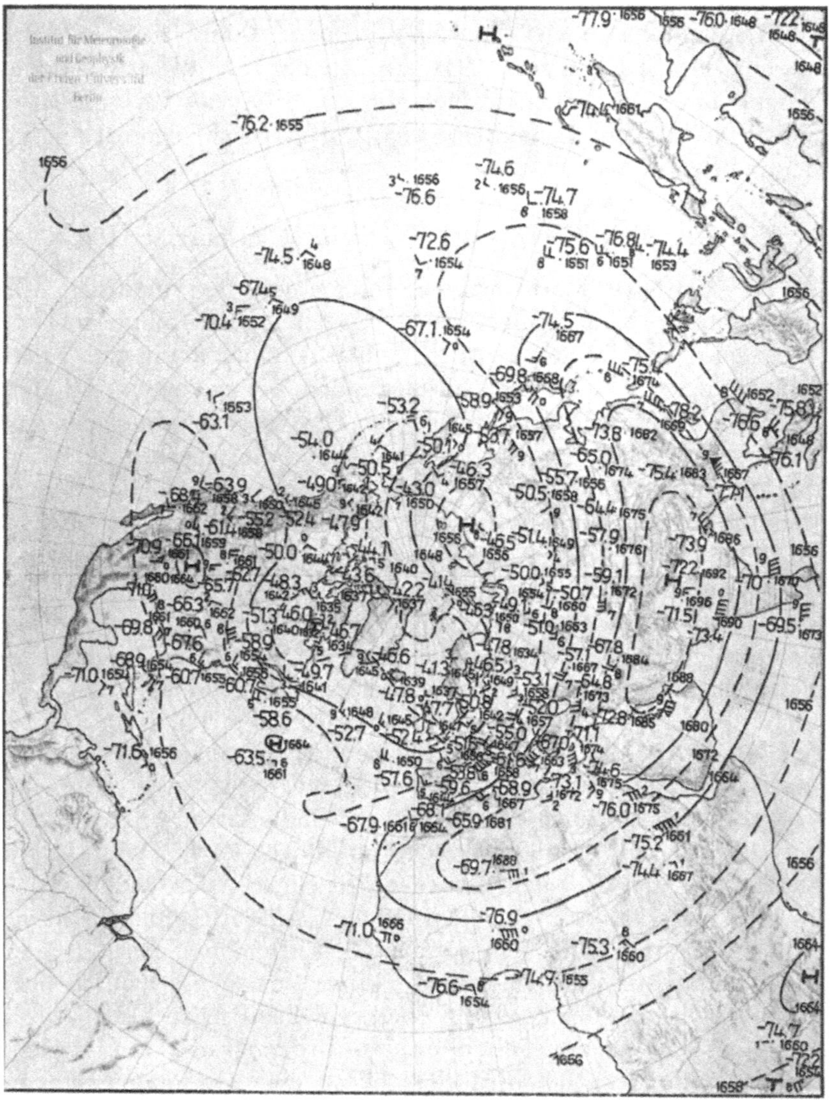

Abb. 14. Mittlere absolute Topographie der 100mb-Fläche im Juli 1965

bung der polaren Tiefdruckrinne. Im Jahre 1964 befand sich das polare Tiefzentrum nördlich von Thule. In diesem Jahr erstreckte sich hingegen eine deutliche Tiefdruckrinne quer durch Grönland nach Mittelskandinavien und von dort nach Ostsibirien und zum Aleutengebiet, wobei nördlich dieser Linie allgemein vorherrschend Winde mit östlicher Komponente wehten und über dem sibirischen Sektor der Arktis ein eigener Hochkern vorhanden war.

Noch deutlicher zu erkennen ist die Verschiebung der Druckgürtel im Sommer 1965 im Meeresniveau. In Abb. 16 sind eine größere Anzahl der im Juli dieses Jahres gemeldeten Bodendruck-

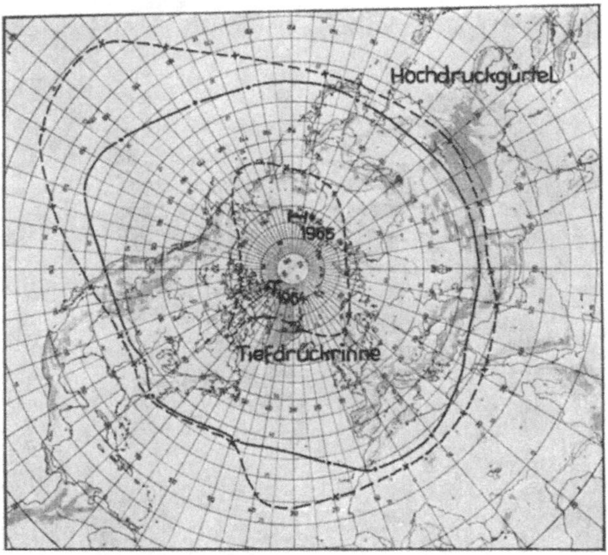

Abb. 15. Mittlere Lage der Hauptdruckgürtel des 100mb-Niveaus im Juli 1964 (·—·—·) und im Juli 1965 (×———×)

abweichungen eingetragen. Mit Ausnahme einer schmalen Unterbrechung über dem mittleren Teil von Nordamerika läßt sich ein nahezu ringförmiges Gebiet negativer Druckanomalie vom St. Lorenzstrom bis nach Irland und von dort nach Nordosteuropa und weiter bis nach Nordjapan und zum gesamten nördlichen Pazifik verfolgen, dem ein ebenso nahezu geschlossener Gürtel zu hohen Druckes gegenübersteht, der sich vom Zentralpazifischen Ozean quer durch die Vereinigten Staaten und den tropischen Nordatlantik sowie ganz Nordafrika bis nach Zentralasien erstreckt und auch über dem südlichsten Japan noch erkennbar ist. Da diese Zone überall südlich der normalen Lage des subtropischen Hochdruckgürtels verläuft, wird damit die äquatorwärts gerichtete Verschiebung der Hauptdruckgürtel weiter unterstrichen. Etwa um den

20. Breitengrad bzw. etwas südlich davon sind wieder geringe negative Druckabweichungen zu erkennen, was mit der südlicheren Lage der tropischen Tiefdruckrinne zusammenhängt.

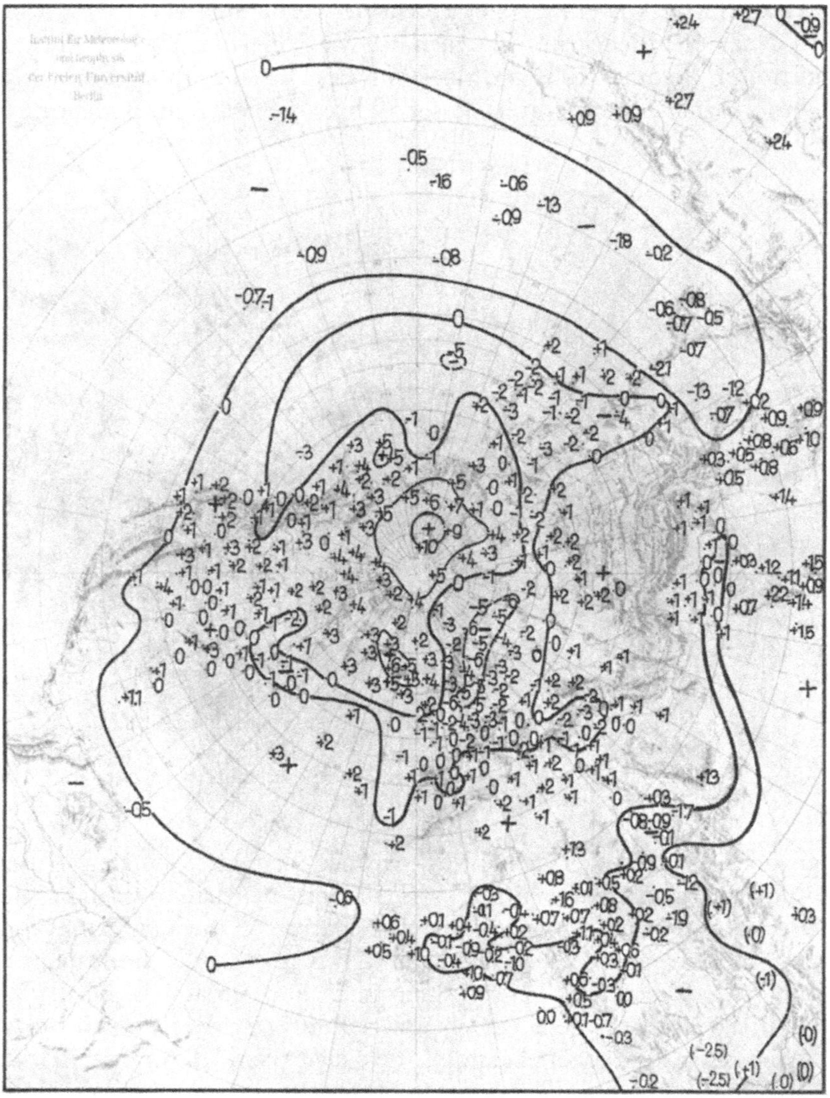

Abb. 16. Mittlere Abweichung des Luftdrucks im Juli 1965 von der Normalperiode 1931—1960

Wie weitgehend sich diese Verschiebungen der Hauptdruckgürtel auch in den anderen meteorologischen Parametern ausprägen, soll hier nur am Beispiel der relativen Feuchte (Abb. 17) gezeigt werden. Innerhalb der verstärkten Westdrift war die Feuchte auf einem

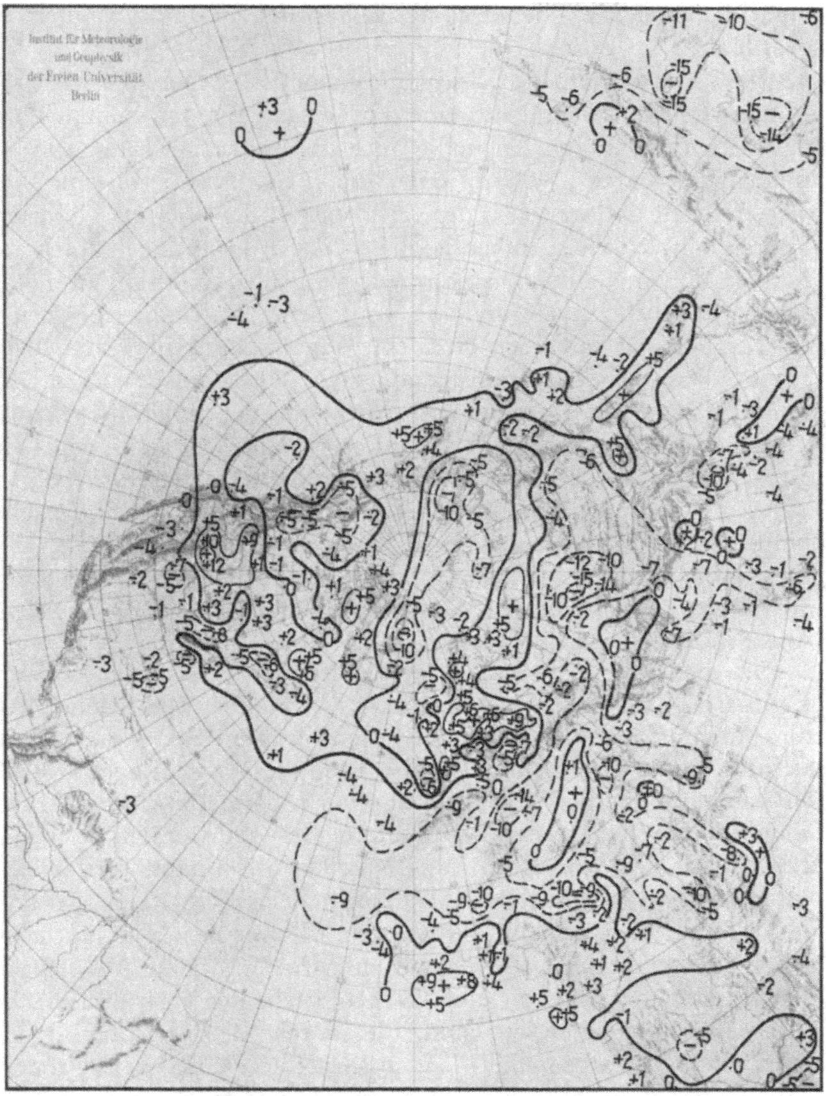

Abb. 17. Mittlere Abweichung der relativen Feuchtigkeit (%) im Juli 1965 von der Normalperiode 1931—1960

ebenfalls geschlossenen Ring von den Prärien Nordamerikas quer durch das südliche Kanada und längs der Nordseite des Azorenhochs bis nach Portugal und von dort in einem breiten, quer durch Mitteleuropa bis nach Nordrußland und schließlich nach Kamtschatka und zur Alëutenregion verlaufenden Streifen merklich erhöht, hingegen in der südlich anschließenden Zone erhöhten Luftdrucks überall erniedrigt. Auch die Niederschlagsabweichungen waren ähnlich angeordnet.

Daß die diesjährige Zirkulationsanomalie schon im Mai [15] erkennbar war, ermöglichte eine Vorhersage für den Sommer, und tatsächlich hielt diese Anomalie auch im August noch an. Die Abweichungen waren invers zu jenen, die J. Clauss für trockene Sommer ermittelt hat, in denen der Luftdruck in der polaren Tiefdruckrinne erhöht ist, eine Anomalie, die schon im Frühjahr deutlich ausgeprägt und mit einer Druckerniedrigung über Nordindien gekoppelt zu sein pflegt, während, wie in diesem Jahr, kühle mitteleuropäische Sommer mit übernormalem Winter-Druck über Indien beginnen. Wie sich diese entgegengesetzten Typen in den oberen Luftschichten auswirken, deutet ein Vergleich der 100mb-Karten im trockenen Sommer 1959 und im kalten Sommer 1965 an, wobei sich dieser Vergleich aber wegen fehlender Mittelkarten für 1959 zunächst nur auf einen bestimmten Tag, nämlich den 17. Juli, beziehen kann (Abb. 18). An diesem Tage lag die 100mb-Fläche heuer über ganz Nordamerika und Zentralasien um mehr als 16 Dekameter niedriger und nur über dem Nordatlantik höher, wobei die negativen Abweichungen weit überwogen.

Die diesjährigen negativen Abweichungen der absoluten Topographie des 100mb-Niveaus bringen uns vielleicht auf dem Wege zum Auffinden der Ursachen der gegenwärtigen Wettermisere einen Schritt weiter. Der Grund für die negative Anomalie im 100mb-Niveau kann nämlich in erster Linie nur in Änderungen der Mitteltemperaturen der ganzen Atmosphäre gesucht werden. Wie weit diese durch den vom Boden ausgehenden Strahlungsstrom bedingt wird, zeigt ein Vergleich der Mittelkarte der absoluten Topographie der 100mb-Fläche im Juli 1965 (Abb. 14) mit der Mittelkarte der relativen Topographie 100/850 mb im gleichen Monat (Abb. 19), die die Mitteltemperatur von etwa zwei Dritteln der Gesamtmasse der Atmosphäre repräsentiert und die durch Berücksichtigung der Scherwinde zwischen den beiden Schichten mit weit größerer Genauigkeit gezeichnet werden kann, als das früher möglich war. Man sieht, daß der Linienverlauf in beiden Karten fast identisch ist. Über der wärmsten Stelle Ostindiens liegt ebenso die 100mb-Fläche am höchsten wie nahe dem kanadischen Kältezentrum am tiefsten, und das Wärmezentrum über den Wüstengebieten der USA ist ebenso mit einem zweiten Hochkern gekoppelt wie das relativ warme Gebiet über Nordsibirien mit einem weiteren kleinen Zentrum hohen Druckes. Noch bemerkenswerter ist aber, wie weitgehend

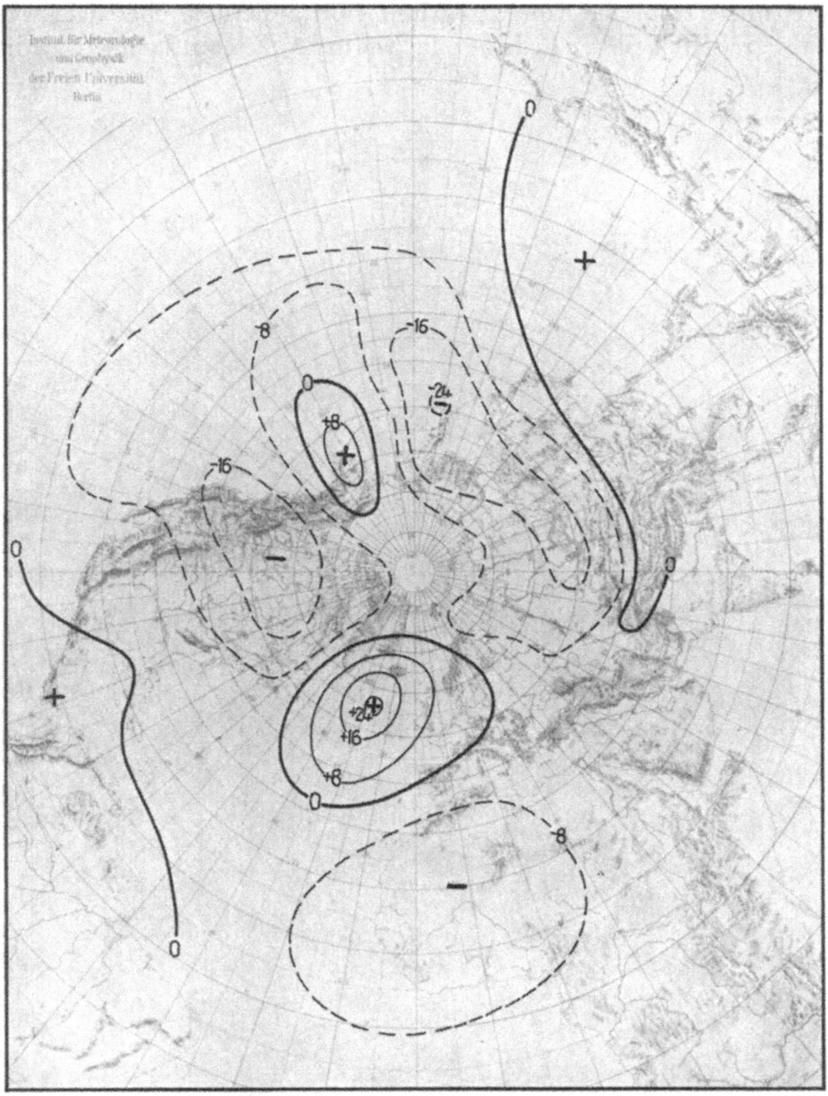

Abb. 18. Differenz der Höhen der 100mb-Fläche am 17. Juli 1959 und 17. Juli 1965 (1965 minus 1959)

auch die mittlere Bodendruckverteilung thermischen Ursprungs ist. Das bezieht sich nicht nur auf die mit den Höhenzentren nahezu zusammenfallenden Hitzetiefs über Westpakistan und Kalifornien, sondern es zeigt sich ebenso, daß die Atmosphäre im Kernbereich des Azorenhochs nahezu und im Innern des Pazifischen Subtropenhochs tatsächlich am kältesten ist. Die als gestrichelte Linie eingezeichnete tropische Konvergenzlinie fällt außerdem über dem weitaus größten Teil der Erde mit der wärmsten Zone zusammen. Ledig-

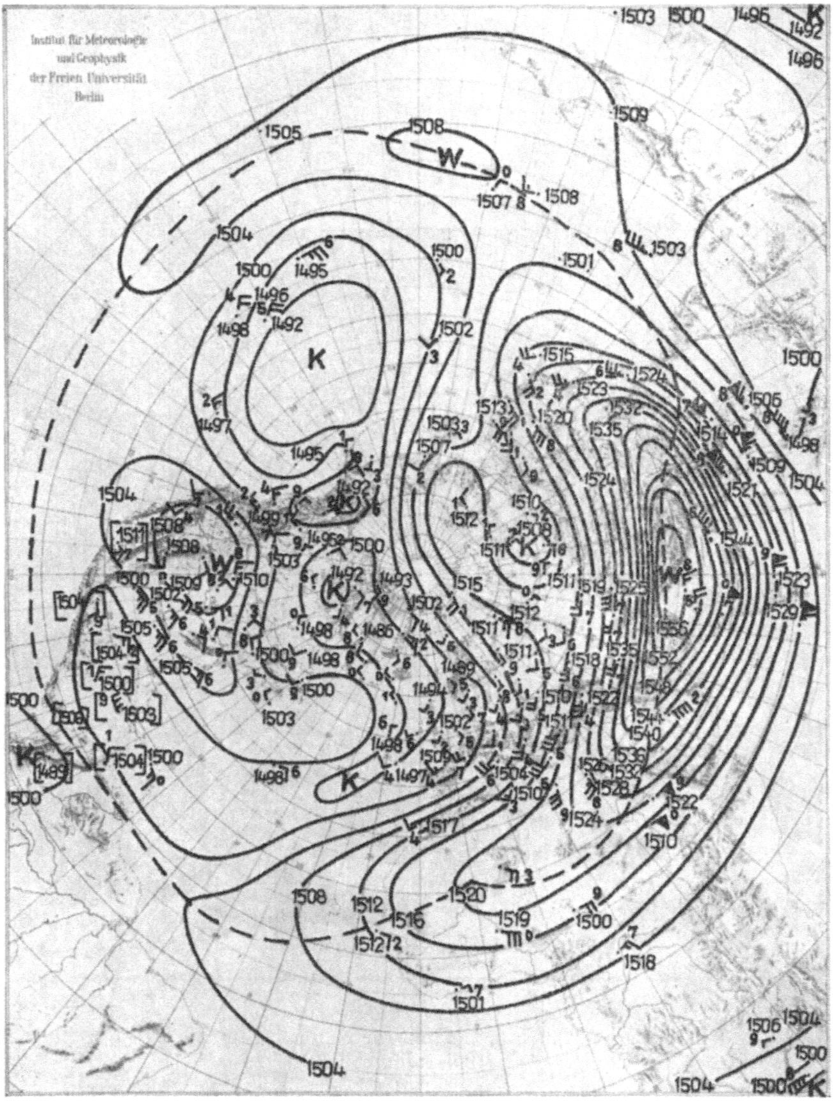

Abb. 19. Mittlere relative Topographie 100/850 mb im Juli 1965

lich über Südostasien besteht in dieser Hinsicht eine stärkere Diskrepanz, die ebenso der Klärung bedarf wie die Tatsache, daß sich über dem Süden der USA nur gelegentlich, wie z. B. am 13. August dieses Jahres, eine Art tropische Konvergenzlinie ausbildet.

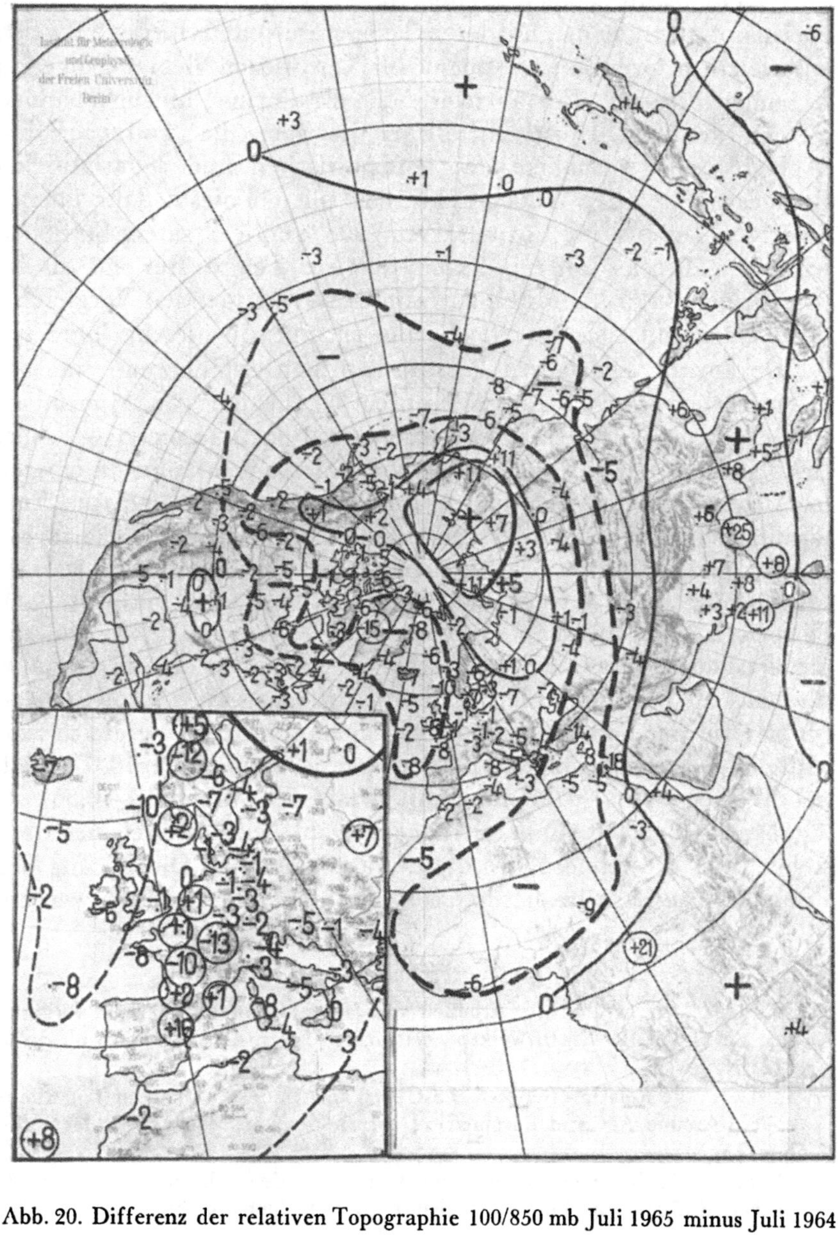

Abb. 20. Differenz der relativen Topographie 100/850 mb Juli 1965 minus Juli 1964

Wie weit die durch den Strahlungsstrom bedingte Temperaturabweichung in den einzelnen Jahren die gleiche ist, geht daraus hervor, daß ein Vergleich mit dem Vorjahr ergeben hat, daß keine einzige zuverlässige Station einen Unterschied in der relativen Topographie 850/100 mb von mehr als 8 Dekameter, das sind kaum mehr als 1^0 in der Mitteltemperatur und 10 % der auf der Nordhemisphäre überhaupt auftretenden mittleren Temperaturunterschiede, aufweist, aus welchem Grunde auch über dem Karibischen Gebiet einige (in Klammer gesetzte) Vorjahrswerte als Ergänzung hinzugenommen werden konnten. Umso auffälliger ist aber die Tatsache, daß (Abb. 20) mit Ausnahme des nordsibirischen und südasiatischen Raumes die relative Topographie 850/100 mb dieses Jahr überall niedriger lag als im Vorjahr. Von 208 vergleichbaren Stationen wiesen in diesem Juli nur 38 eine höhere Temperatur auf als im vorjährigen Juli. Als Mittel für sämtliche vorliegenden Vergleichsstationen ergibt sich der gleiche Betrag eines in diesem Jahre um 2,1 Dekameter niedrigeren Wertes, den man erhält, wenn man die offensichtlich falschen Angaben durch Weglassung von 25 mehr als 10 Dekameter Differenz aufweisenden Stationen ausmerzt — wobei sich leider ergibt, daß solch fehlerhafte Messungen außer in einigen tropischen Gebieten nur in dem anscheinend meteorologische Entwicklungshilfe benötigenden und deshalb in einer Nebenkarte besonders dargestellten europäischen Gebiet angestellt werden. Der Unterschied von 2,1 Dekameter in der Schicht von 850 bis 100 mb entspricht einer mittleren Temperaturdifferenz von $0{,}33^0$, um die die Nordhemisphäre also in diesem Juli kälter war als im Vorjahr, und das ist etwa der gleiche Betrag, wie er sich für die letzten Monate für das Bodenniveau der Nordhemisphäre im Vergleich zum Mittel der vorangegangenen 30jährigen Klimaperiode 1931—1960 mit Werten von $-0{,}25^0$ im Juni, $-0{,}2^0$ im Juli und $-0{,}36^0$ im August ergeben hat. Es kann danach wohl kein Zweifel mehr bestehen, daß die Atmosphäre dieses Jahr kälter ist. Die Lösung der Frage, welche Ursache dies hat, soll hier nicht angeschnitten werden.

Literatur

1. In einem Referat über die Arbeiten von Hildebrandsson über die Richtung der Bewegung der Cirruswolken. Zeitschrift Österr. Ges. f. Meteorologie **9**, 312 (1874).
2. Ley, C.: The Relation Between the Upper and Under Currents of the Atmosphere Around Areas of Barometric Depression. Quart. Journ. Roy. Meteorol. Soc. 1877.
3. Hann, J.: Einige Bemerkungen zur Lehre von den allgemeinen atmosphärischen Strömungen. Zeitschrift Österr. Ges. f. Meteorologie **14**, 33 (1879).

4. KÖPPEN, W.: Über die Gestalt der Isobaren in ihrer Abhängigkeit von Seehöhe und Temperaturverteilung. Meteorol. Z. **5**, 470 (1888).
5. KÖPPEN, W.: Die Untersuchungen von Dr. J. VAN BEBBER über typische Witterungserscheinungen. Meteorol. Z. **3**, 158 (1886).
6. RODEWALD, M.: Zur Entstehungsgeschichte der Sturmflut-Wetterlagen in der Nordsee im Februar 1962. Die Küste **10**, 2 (1962).
7. SCHERHAG, R.: Neue Methoden der Wetteranalyse und Wetterprognose. Abb. 125, S. 224. Berlin—Göttingen—Heidelberg, 1948.
8. FLOHN, H.: Aktuelle Probleme der aerologischen Synoptik. Berichte Deutsch. Wetterdienstes **7**, Nr. 51, S. 82 (1959).
9. SUSSEBACH, J.: Windscherungen in der Freien Atmosphäre. (Im Druck.)
10. BUHLMANN, K.: Das Nordseesturmtief vom 17. bis 21. Oktober 1961. (Im Druck.)
11. KLUG, W.: Der Mechanismus der Steuerung von hochreichenden Zyklonen. Meteorol. Abh. Inst. Meteorol. u. Geoph. Fr. Univ. Berlin **3**, Heft 2 (1956).
12. MÜLLER, H.: Untersuchungen zur Fehlvorhersage vom 19. Oktober 1936. Annal. Hydrographie u. marit. Meteorologie **65**, 252 (1937).
13. KRIESTER, B., K. LABITZKE, R. SCHERHAG und R. STUHRMANN: Tägliche Höhenkarten der 100mb-Fläche sowie monatliche Mittelkarten für das Jahr 1965. Meteorol. Abh. Inst. Meteorol. u. Geophys. Fr. Univ. Berlin **55**, Heft 3 (1965).
14. REED, R. J.: The Present Status of the 26-month Oscillation. Bull. Americ. Meteorol. Soc. **46**, No 7 (1965).
15. SCHERHAG, R., und Mitarbeiter: Ergebnisse des synoptischen Dienstes im Jahre 1965. Meteorol. Abh. Inst. Meteorol. u. Geophys. Fr. Univ. **53** (1965). Außerdem sind die gleichen Karten auch in Band 54: Tägliche und mittlere Boden- und 300mb-Karten der Nordhemisphäre im Jahre 1965, enthalten. Beide Veröffentlichungen erscheinen monatlich und enthalten insgesamt 19 Karten mit sämtlichen Einzelwerten und Abweichungen des Drucks, der Temperatur und der relativen Feuchtigkeit sowie deren Abweichungen vom 30-jährigen Mittel, ferner die Niederschlagsmengen und ihre Eingruppierung nach Quintilen der Häufigkeitsverteilung sowie die mitteren Höhenkarten der 850-, 700-, 500-, 300-, 200-, 100-, 50- und 30mb-Fläche und jeweils eine Karte der jeweiligen Oberflächentemperaturen der Ozeane.
16. Ebenda, Band 45 (1964).
17. CLAUSS, J.: Die Schwankungen des subtropischen Hochdruckgürtels als Indikator langanhaltender Trockenzeiten in Mitteleuropa, insbesondere langanhaltender Sommertrockenheit in Deutschland. Meteorol. Abh. Inst. Meteorol. u. Geophys. Fr. Univ. Berlin **5**, Heft 2 (1957).

Anschrift des Verfassers: Prof. Dr. R. SCHERHAG, Institut für Meteorologie und Geophysik der Freien Universität, Podbielski-Allee 62, D-1 Berlin 33 (Dahlem), Deutschland.

551.509.3

(Meteorologiska Institutionen, Universität Uppsala, Schweden)

Der vollständige Wetterdienst

Von

Tor Bergeron

Zusammenfassung. Nach einer Kritik des derzeitigen Entwicklungsstandes werden Vorschläge für eine Vervollständigung des Wetterdienstes gemacht.

Summary. The author criticizes the present state of weather service and makes proposals for its improvement.

Résumé. Après une critique du développement actuel des services météorologiques, l'auteur énonce quelques propositions pour leur amélioration et complément.

I.

Bei einer Jubiläumsfeier ist es natürlich, daß man die Errungenschaften in der betreffenden Zeitspanne überblickt (Epignose), den gegenwärtigen Stand prüft und diskutiert (Diagnose), die zukünftige Entwicklung vorauszuberechnen oder vorauszuschätzen sucht (Prognose) und vor allem bemüht ist, die Maßnahmen zu finden, die diese Entwicklung des Prognosendienstes am besten fördern könnten (Therapie).

Der Anfang des Wetterdienstes in der Welt, vor etwa 100 Jahren, war bekanntlich sehr bescheiden hinsichtlich Beobachtungsnetz, technischer Hilfsmittel und Kenntnis der wetterwirksamen atmosphärischen Strukturen. Diese Kenntnis war im wesentlichen empirisch und auf ein einseitiges und teilweise irreführendes Tiefdruckmodell gestützt. Trotzdem hat man manchmal überraschend gute Resultate erreicht, weil schon die bescheidenste Wetterkarte, durch ihre „Hundert Augenpaare jenseits des Horizonts", dem Meteorologen unentbehrliche Hinweise auf weitere Entwicklungen liefern kann.

Noch vor 50 Jahren gab es kein telegraphisches Höhenbeobachtungsmaterial (mit Ausnahme gewisser Gebirgsstationen in Zentraleuropa) und keine Schiffsmeldungen; das Netz und der Meldeschlüssel der Landstationen sowie die wissenschaftliche Grundlage der Wetteranalyse und -prognose waren *im Prinzip* fast unverändert und dürftig geblieben. Indessen hat aber NILS EKHOLM schon 1905 einen vorzüglichen Sturmwarnungsdienst für Schweden einrichten können, dessen Trefferprozente nicht viel hinter denen des heutigen Dienstes zurückstanden.

In den Alpenländern, wo seit dem vorigen Jahrhundert die täglichen Meldungen mehrerer Gebirgsstationen im Wetterdienst ausgenutzt werden, hatten die Meteorologen schon sehr früh Verständnis für die dreidimensionale Struktur der Vorgänge in der unteren Troposphärenhälfte (wo das Wetter gebraut wird) und erlebten selbst die Einwirkung der Orographie auf diese Vorgänge.

Heute, nach weiteren 50 Jahren, ist ein hemisphärischer Beobachtungs- und Meldeapparat aufgebaut worden, den man noch vor 30 Jahren als utopisch betrachtet hätte. Dasselbe gilt für die maschinellen und theoretischen Hilfsmittel, die uns jetzt bei der Analysen- und Prognosenarbeit zur Verfügung stehen. Trotzdem kann man noch immer dem Urteil, das SCHUMANN auf der UGGI-Tagung in Rom 1954 ausgesprochen hat, beipflichten: Die Wettervorhersage ist an Treffsicherheit und an genauen Einzelangaben bei weitem nicht im selben Maße verbessert worden wie ihre Hilfsmittel.

Jetzt, wo wir in der Fülle von Beobachtungsdaten aus allen Niveaus und aus der ganzen Hemisphäre fast ertrinken und Roboter bereitstehen, die Bearbeitung zu übernehmen, ist der praktische Gewinn immer noch verhältnismäßig gering.

Wenn man nun 30, 60 oder 100 Jahre zurückblickt, könnte man daher etwas vereinfachend, aber den Kern der Sache treffend sagen: „Damals hat man vieles mit bescheidenen Mitteln erreicht. Jetzt ist der Gewinn recht bescheiden trotz gewaltigem Aufwand an Mitteln."

II.

Auch wenn diese Schwarzmalerei nur halbwegs zutrifft, müßte man dringend nach möglichen Ursachen dieses Zustandes und nach Mitteln zu ihrer Abhilfe suchen.

Meines Erachtens könnte man in der Tat schon durch *bessere Ausnützung des vorhandenen Beobachtungssystems und des technisch-theoretischen Apparates* (Kenntnisse der Wettersysteme, Analysenmethoden, dynamische Theorien, Daten verarbeitende Maschinen und dergleichen), die Kluft zwischen Hilfsmittel und Leistungen des heutigen Wetterdienstes durchgreifend vermindern. Zu dem Zwecke müßte man aber dem zustreben, was ich den *„vollständigen Wetterdienst"* nenne.

Als dringend sehe ich dabei sieben verschiedene Maßnahmen an:

1. Schon im Rahmen des jetzigen Meldesystems könnten Zusatzgruppen von „Key Stations“ (Schlüsselstationen) Bescheid über die Lage und Bewegung von wetterwirksamen Wolkensystemen (Cs, As, Ns, Ac) und Wolkenansammlungen (Cu, Cb) geben, wodurch besonders im zu wenig besetzten Stationsnetze der Synoptiker viel sicherer und schneller die Analyse der Wettersysteme vollziehen könnte. — Die vielleicht bald verwirklichten Stationsnetze zur Aufnahme von Radarbildern des Niederschlages und die weltumspannenden Wolkenaufnahmen der Satelliten würden dabei nicht ein Netz von Schlüsselstationen ersetzen: sie würden einander weitgehend stützen und ergänzen.

2. Die vollständige Analysenarbeit umfaßt auch die Festlegung aller wetterwirksamen Singularitäten in den meteorologischen Feldern, *vor allem Wolken- und Niederschlagsmechanismen aller Art*, und nicht nur die Darstellung des Druck- und Strömungsfeldes bestenfalls mit *nachträglichem* Zusatz von einigen trockenen Frontstücken, d. h. unterbrochenen Fronten ohne Angabe der zugehörigen Wettergebiete.

3. Die vollständige Prognosenarbeit soll auch, was ich die *„spezielle Prognose“* genannt habe, umfassen und nicht nur die „allgemeine Prognose“. Letztere besteht in der üblichen (graphischen) Schätzung der allgemeinen Verlagerung und Veränderung der Wettersysteme bzw. in einer numerischen Vorausberechnung verschiedener atmosphärischer Felder. Die spezielle Prognose besteht dagegen 1. in der Berücksichtigung von allen Einflüssen der Orographie und der täglichen Periode der Strahlungsverhältnisse auf das Lokalwetter, 2. in der Deutung der vorausberechneten Karten in allen Niveaus bzw. des allgemeinen Prognosenresultats, hinsichtlich der Wettersysteme, in bezug auf Wetterverlauf usw. während der ganzen Vorhersagezeit an einem gegebenen Ort und 3. in der, durch 1. und 2. bedingte, Formulierung von konkreten Aussagen über das Wetter.

Nur durch diese bisher meistens nicht oder nur summarisch durchgeführte Arbeit kann der Wetterdienst ein für den Abnehmer brauchbares Endprodukt liefern, nämlich konkrete, verständliche, klare und zutreffende Aussagen über das Wetter für bestimmte Orte oder kleinere Bezirke während der ganzen Vorhersagezeit (Stunden oder Tage).

Um diese Arbeit durchführen zu können, müßten aber drei weitere Bedingungen erfüllt sein.

4. Es muß eine eingehende *synoptisch-klimatologische* Bearbeitung der bereits 100jährigen Beobachtungsreihen jedes Landes (welche die Elektronenrechner uns nun endlich liefern können) vorliegen. — Die Resultate solcher Bearbeitungen könnten wahrscheinlich auch später für den numerischen Gebrauch programmiert und in besonderen Maschinen gespeichert werden. Auf Grund einer vorausberechneten allgemeinen Strömung von gewisser Richtung und Geschwindigkeit (einschließlich Vertikalkomponente), Stabilität und Feuchte sollte z. B. diese Maschine eine voraussichtliche und detaillierte Niederschlagsverteilung angeben können.

5. Wirklich fruchtbar würden diese Hilfsmittel aber erst durch die *Dezentralisierung* der speziellen Vorhersagearbeit werden, jedenfalls in Ländern größerer Ausdehnung. Erst dadurch wird der Meteorologe imstande sein, den gewaltigen Vorrat an synoptisch-klimatologischem Wissen auszunützen, besonders solange die Anwendung noch nicht ganz mechanisiert worden ist, und auch dann müßte er das ganze Verfahren überwachen, grobe Fehler entdecken usw.

Trotz aller Verbesserung des Beobachtungs- und Meldesystems hinsichtlich Inhalt, Sicherheit und Beschleunigung bleibt die Anwesenheit des Meteorologen im Zentrum des Vorhersagegebietes jedem Verkehrsmittel überlegen. Er kann direkt, ohne Verzögerung und Verfälschung durch dazwischen geschaltete Instanzen, die Entwicklung des Wolkenhimmels und die Bilder des lokalen Radars studieren und das Lokalnetz von Beobachtungen überwachen.

Der regional stationierte Meteorologe kann immer mehr Erfahrung über die lokalen Besonderheiten des Wetters gewinnen. Er kann auch Kontakt mit dem Publikum und mit der Wirtschaft seiner Region halten und deren Bedürfnisse an Wetterberatung immer besser verstehen lernen.

Die Rundfunkverbreitung von Wettervorhersagen sollte wesentlich von diesen lokalen Zentren aus geschehen, wodurch auch detaillierte Berichte noch einen hinreichend beschränkten Umfang bekämen.

6. Selbstverständlich sollte die graphische bzw. maschinelle Ausarbeitung der *Hauptkarten* (hemisphärische Karten und Karten für ganze Weltteile) sowohl diagnostischer als auch prognostischer Natur für alle Niveaus national *zentralisiert* bleiben, ja vielleicht sogar von Länderblöcken (Skandinavien, Zentraleuropa usw.) unter Aufsicht der besten verfügbaren Spezialisten gemeinsam hergestellt und dann an die lokalen Zentren teletechnisch verbreitet werden.

7. Eine Bedingung gemeinsam für alle im Vorhersagedienst selbständig, d. h. als Leiter arbeitenden Meteorologen sowohl an Haupt-

als auch an Lokalzentren wäre offenbar, daß sie in dieselbe Gehaltklasse kämen wie die administrativ leitenden Kollegen. Nur so könnte man sichern, daß Leute mit der besten Ausbildung und größten Erfahrung auf diesen wichtigsten Posten einer meteorologischen Anstalt dauernd bleiben.

Anschrift des Verfassers: Prof. Dr. Tor Bergeron, Meteorologiska Institutionen, Universität Uppsala, Schweden.

551.509.3

(Lehrkanzel für theoretische Meteorologie der Universität Wien)

Von der deskriptiven zur theoretischen Synoptik

Von

H. Reuter

Zusammenfassung. Die Aufgabe der Synoptik besteht darin, durch das Studium der Feldverteilungen der meteorologischen Elemente Grundlagen für die Wetterprognose zu erhalten. Die Untersuchungen können deskriptiv oder theoretisch erfolgen. Der eigentliche synoptische Forschungsweg geht vom Einzelfall aus. Die Ergebnisse werden dann auf ähnliche Fälle angewendet. Man kann auch versuchen, in Anlehnung an die Methoden der Klimatologie, die komplizierten Verhältnisse durch geeignete Mittelbildungen zu vereinfachen. In diesem Fall muß allerdings darauf geachtet werden, daß die Mittelfelder physikalisch konsistente Zustände beschreiben, was nicht immer gewährleistet erscheint, da die Beziehungen der meteorologischen Elemente untereinander überwiegend nichtlinear sind. Der historische Rückblick auf die synoptische Forschung der abgelaufenen hundert Jahre zeigt einen deutlichen Trend von der bis zum zweiten Weltkrieg vornehmlich deskriptiven Arbeitsweise zu einer mehr theoretischen im gegenwärtigen Forschungsabschnitt. Durch die rasante Entwicklung der numerischen Rechentechnik wird ein Teil der Aufgabe des Synoptikers von der Maschine übernommen (numerische Analyse und Vorhersage). Trotzdem scheint der deskriptiven Forschung — allerdings auf einer anderen Ebene — in Zusammenarbeit mit der Theorie noch ein großes Aufgabengebiet zuzukommen.

Summary. It is the task of Synoptic Meteorology to study the fields of meteorological elements as the basis of the weather prediction proper. In principle, three ways can be gone to this aim which, however, are not independent from each other.

At first, as in Climatology, one can try to simplify the complicate atmospheric processes by taking averages and investigating these mean conditions thoroughly. Space means are used as well as time means with this step. The model of this method is taken from the well-known concept used by Reynolds in describing the turbulent flow. Its use in synoptic research is known as large scale turbulence. However, in giving an interpretation of the mean fields and, on the whole, of all results obtained by taking means one has at first to investigate whether the averaging has been made in the sense of a physical consistency. This is not always guaranteed as most of the relations between the meteorological elements are not linear.

The second way for the investigation of the field distributions is the actual synoptic one. It is based on the thorough study of a single case. This method is mainly descriptive. One derives more or less unequivocal relations between the field distributions of the meteorological elements and their time variation on one hand and the weather proper on the other and sums up the results in so-called synoptic rules. Theoretical relations play only a secondary role here.

Finally, there is a third way, the preponderantly theoretical one. By means of well defined model atmospheres one tries to guide the synoptic investigations from the beginning by directing the attention of the descriptive research to some combinations of parameters, or to derived quantities of the field of flow which are important for theory.

In the second part of the paper a short review over the synoptic research in the past 100 years is given. The steady progress of numerical weather analysis and prognosis has pressed the synoptic research somewhat in a situation of defensive character. Advantages and disadvantages of the descriptive and theoretical research are briefly discussed. The point of view that the study of fields will be overtaken by machines more and more is certainly too pessimistic, however, it seems to be the need of the hour to coordinate the synoptic research with theory to a large extent, as this is already the case at some research institutes. Pure theory can dispense with subtile descriptive investigations either. According to the famous saying of V. Bjerknes Meteorology becomes an exact science to the extent as it becomes real physics of the atmosphere. But even in pure physics theory and practice have to work close together in order to make any progress in research.

Résumé. L'étude de la répartition des éléments météorologiques dans l'espace en vue de l'élaboration d'une prévision est la tâche principale de la synoptique. Pour ce faire, il est en principe possible de suivre trois voies qui ne sont cependant pas indépendantes l'une de l'autre:

Dans le premier cas, on cherchera, en suivant l'exemple de la climatologie, à simplifier les processus atmosphériques complexes en établissant des moyennes se rapportant tant à l'espace qu'au temps et en les examinant de plus près. Cette méthode est concrétisée dans la conception connue de Reynolds pour la description de l'état d'un flux turbulent. En l'utilisant pour des recherches synoptiques, on parlera par analogie d'une turbulence sur de grands espaces. Lors de l'interprétation des champs moyens et, de façon plus générale, des résultats obtenus dans le calcul des moyennes, il faudra cependant rechercher si l'extraction des dites moyennes s'est effectuée dans le sens d'un principe physique, ce qui n'est pas toujours assuré de prime abord, car la plupart des rapports existant entre les éléments météorologiques ne sont pas linéaires.

La seconde voie permettant d'examiner la répartition des champs est la méthode synoptique dans le sens étroit du terme. Elle consiste dans l'étude aussi poussée que possible d'un cas particulier. Cette méthode est avant tout descriptive. On en déduit des relations plus ou moins univoques entre la répartition dans l'espace des éléments météorologiques, leur variation dans le temps d'une part et l'évolution du temps d'autre part. Le résultat est alors condensé dans l'énoncé de "règles synoptiques". Les relations théoriques y jouent un rôle secondaire.

La troisième voie enfin est essentiellement théorique. On cherche alors à diriger dès l'abord et au moyen de modèles atmosphériques bien définis l'intérêt de la recherche descriptive sur certaines combinaisons de paramètres importantes pour les développements théoriques ou sur certaines grandeurs du champ des courants (par exemple le mouvement tourbillonnaire).

Pour terminer, on relate brièvement les résultats obtenus par les recherches synoptiques au cours des cent dernières années. Par suite des progrès constants réalisés dans le domaine de l'analyse numérique et des prévisions calculées, la recherche synoptique a dû passer à la défensive. On discute les avantages et les inconvénients des méthodes de recherches descriptives et théoriques. L'idée très répandue que l'étude de la répartition des champs sera reprise petit à petit par des machines est certes trop pessimiste. Il semble cependant urgent qu'une coordination étroite des recherches synoptiques et théoriques s'établisse rapidement comme c'est d'ailleurs déjà le cas dans certains centres de recherches. La théorie pure ne peut arriver au but poursuivi sans certaines et subtiles études descriptives. Selon l'adage célèbre de V. Bjerknes, la météorologie n'atteindra à la sphère des sciences exactes que si elle devient vraiment de la physique de l'atmosphère. Cependant, ici aussi, la théorie et la pratique doivent marcher de paire pour progresser sur le chemin des connaissances nouvelles comme en physique pure.

Als man vor rund einhundert Jahren daran ging, die synoptische Betrachtungsweise in die meteorologische Forschung einzuführen, war man sich darüber im klaren, daß das Studium der Feldverteilung der verschiedenen meteorologischen Elemente die Grundlage für die mit dem eigentlichen Problem der Wettervorhersage zusammenhängenden Fragen liefern würde. Damit hatte man freilich nur der hydrodynamischen Seite des Problems Rechnung getragen, indem die große Bedeutung der konvektiven Glieder der hydrodynamischen Gleichungen für die zeitliche Variation der Feldgrößen klar erkannt wurde. Zu Anbeginn der synoptischen Forschung überwog naturgemäß die rein deskriptive Arbeitsweise, wenngleich die Theorie schon grundlegende Erkenntnisse vermittelte, wie sie etwa in den bereits klassischen Untersuchungen von Helmholtz, V. Bjerknes, Margules, Exner u. a. deutlich zum Ausdruck kam. Eine direkte Beziehung zum synoptischen Prognosendienst jener Zeit hatten allerdings die theoretischen Arbeiten kaum. Doch darf nicht übersehen werden, daß auch die deskriptive Synoptik von Anbeginn an ein grundsätzliches (theoretisches) Konzept vor Augen hatte, nämlich daß der physikalische Zustand der Atmosphäre durch eine begrenzte Anzahl wohl definierter Zustandsgrößen hinreichend genau beschrieben werden kann, falls deren dreidimensionale Feldverteilung bekannt ist. Diese Ansicht stammte ursprünglich bereits von J. v. Hann und wurde dann von V. Bjerknes streng formuliert. Das komplexe Wettergeschehen wird durch die Erfassung dieser Feldgrößen in eine physikalisch verständliche und durch die Gleichungen der Physik beschreibbare Form gebracht.

Legt man dieses Konzept der Forschung zu Grunde, so können prinzipiell *drei* Wege beschritten werden, um die ungeheure Vielfalt der atmosphärischen Prozesse in ein übersichtliches, für die Zwecke der eigentlichen Wetterkunde geeignetes System zu bringen.

I.

Den ersten Weg hat bereits die Klimatologie *vor* der Synoptik aufgezeigt. Er kann und wird auch in der synoptischen Forschung beschritten. J. v. Hann vertrat bekanntlich die Ansicht, daß ein ordnendes Prinzip ersten Ranges die Mittelbildung der meteorologischen Elemente sei, wobei zunächst offen bleibt, ob es sich um eine zeitliche oder eine räumliche Mittelung handelt. Die durch eine hinreichend große Anzahl von Einzelwerten gewonnenen Mittelwerte geben dieser Anschauung zufolge ein Bild über den „Normalzustand" der Atmosphäre und damit auch über den durchschnittlichen Wetterablauf. Um die solcherart gewonnenen Beziehungen möglichst umkehrbar eindeutig zu gestalten, müssen allerdings neben den Mittelwerten noch andere statistische Größen herangezogen werden. Sicherlich hat die Auffassung, durch Mittelbildungen die komplexen Verhältnisse zu vereinfachen, viel für sich. Es gibt hierzu auch ein theoretisches Vorbild im Reynoldsschen Konzept der Beschreibung des turbulenten Zustandes einer Flüssigkeit. In diesem Sinn werden heute mit Vorliebe die großräumigen Änderungen der Druck- und Stromfelder als „Großraumturbulenz" behandelt.

Bei der Mittelung meteorologischer Größen müssen allerdings gewisse Voraussetzungen erfüllt sein, will man für den mittleren Zustand einen physikalisch konsistenten erhalten. Dies ergibt sich daraus, daß die Beziehungen der Größen untereinander im allgemeinen nichtlinear sind. In der Klimatologie wird diesem Umstand nur zum Teil Rechnung getragen.

Dies sei an einem Beispiel erläutert. Für die Feldgrößen Druck p, Temperatur T und Dichte ϱ bestehen bei quasistatischen Verhältnissen die Beziehungen:

$$p = R\varrho T \qquad \frac{\partial p}{\partial z} = -g\varrho. \tag{1}$$

R Gaskonstante, g Gravitationsbeschleunigung

Werden nun Mittelungen über ein bestimmtes Zeitintervall in der üblichen Weise

$$\bar{F} = \frac{1}{\Delta t}\int_{-\Delta t/2}^{+\Delta t/2} F\,dt \tag{2}$$

vorgenommen, so ist natürlich bei beliebiger Wahl des Intervalls keineswegs gewährleistet, daß die Gl. (1) auch für die Mittelgrößen erfüllt ist. Vergleicht man an Hand einer Reihe von Beobachtungen $\bar{p}/\bar{T}$ mit $\overline{(p/T)}$ und $(R/g)\,.\,\overline{(\partial p/\partial z)}$, so ergeben sich im allgemeinen beachtliche Differenzen. Man könnte zwar umgekehrt die Frage stellen, für welches Zeitintervall die gemittelten Größen einen physikalisch konsistenten Zustand darstellen, und dann dieses Intervall als eine „natürliche" Periode einführen, doch ist dies nicht üblich und meines Wissens bisher noch nicht geschehen. Bedenklich erscheint es dann auch, den durch *einfache* Mittelung gewonnenen Zustand als „mittleren" oder „durchschnittlichen" *Wetterzustand* zu bezeichnen und Abweichungen davon durch physikalische Ursachen erklären zu wollen, wie das vielfach getan wird.

Ein anderes Beispiel, das mehr auf die synoptische Feldtheorie Bezug nimmt, ist folgendes. Bei theoretischen und auch empirischen Betrachtungen über die Zyklogenese wird häufig als Grundzustand ein zonales Stromfeld und ein meridionales Temperaturgefälle vorausgesetzt. Hier ist rein theoretisch nichts einzuwenden, da in einer adiabatischen Modellatmosphäre der Ansatz: (x, y, p-System)

$$U = U(y, p),\ T = T(y, p),\ V = 0,\ \omega = 0 \tag{3}$$

die stationären Modellgleichungen ($\partial/\partial t = 0$) befriedigt, wie sich leicht einsehen läßt. Daher kann (3) ohne weiteres als ein *Anfangszustand* verwendet werden, dem dann Schwingungen überlagert werden, die unter gewissen Bedingungen instabil werden. Auf diese Weise wurde bekanntlich für die barokline Instabilität eine kritische Windscherung mit der Höhe errechnet, bei welcher jeweils eine bestimmte Welle instabil werden soll. Es wird aber bei diesem Modell leicht übersehen, daß wegen $\partial T/\partial x = 0$ auch $dT/dt = 0$ sein muß. Dies besagt aber, daß die Atmosphäre keine individuellen Temperaturänderungen erfährt, also sich im Strahlungsgleichgewicht befinden muß. Auf diesen Umstand hat übrigens bereits H. Philipps 1937 hingewiesen. Nun wissen wir aber, daß die Atmosphäre *weder im Einzelfall noch im mittleren Zustand* die Bedingung des Strahlungsgleichgewichts erfüllt. Wir haben daher in diesem Beispiel den Fall, daß zwar das verwendete Modell physikalisch konsistent, aber offenbar unrealistisch ist. Über diesbezügliche Untersuchungen wird an anderer Stelle berichtet werden.

Solche Beispiele ließen sich noch vermehren. Neben der physikalischen Konsistenz muß bei *gemittelten* Feldverteilungen auch genau untersucht werden, ob sie *stationäre* Verhältnisse darstellen, will man etwa eine Verifikation der gängigen Theorien der Allgemeinzirkulation durch entsprechende Beobachtungen ermöglichen. Insbesondere gilt dies für die vielfach gehandhabte Methode, den mittleren Strömungszustand aus einem gemittelten Druck- oder Geopotentialfeld unter Verwendung der geostrophischen Windrelation darzustellen.

II.

Die eigentliche synoptische Forschung hat einen anderen Weg zum Studium der Feldverteilung eingeschlagen. Hierbei wird der Einzelfall möglichst genau untersucht. Gelingt es derart, das Zusammenwirken der meteorologischen Parameter empirisch und mittels einfacher theoretischer Beziehungen zu erfassen, so wird auf einen ähnlichen Fall oder sogar auf den allgemeinen Ablauf extrapoliert. Natürlich hat sich auch diese Methode mit der Tatsache abzufinden, daß die Beobachtungen nicht kontinuierlich vorliegen, sondern entsprechend dem jeweiligen Stand des Beobachtungsnetzes in mehr oder weniger großen räumlichen und zeitlichen Intervallen. Sicherlich sind die synoptischen Ergebnisse fast immer unmittelbar der eigentlichen Wetterprognose zugute gekommen, während die Theorie lange Zeit mit der deskriptiven Synoptik nicht Schritt halten konnte. Um das Wesen der deskriptiven Methode besser erkennen zu können, ist es angezeigt, einen kurzen Überblick über die Forschung der vergangenen hundert Jahre zu geben. In dieser Zusammenstellung wird kein Anspruch auf Vollständigkeit erhoben, vielmehr soll der Trend der verschiedenen Forschungsperioden in der folgenden Übersicht aufgezeigt werden.

Entwicklung und hauptsächlichste Ergebnisse synoptischer Forschung in den letzten hundert Jahren

Isobaren-Synoptik bis zum Ende des ersten Weltkrieges. Klassifizierung der Druckgebilde. Allgemeine Beziehungen zwischen Druck- bzw. Stromfeld einerseits und dem Wetter andererseits. Vorwiegend thermische Erklärung der Druckänderungen. Statistik der Zyklonenbahnen. Bedeutung der Drucktendenzen für kinematische Extrapolationen des Druckfeldes. Theorie der Zyklonenwanderung nach Exner und Mohn. Gilbert-Großmannsche Regeln.

Luftmassen-Synoptik vom Ende des ersten Weltkriegs bis etwa 1930. Polarfronttheorie der Zyklonenentstehung und Zyklonenverlagerung. Bedeutung der Luftmassen und Fronten für das Wettergeschehen. Zusammenhang zwischen Druck- und Stromfeld einerseits und den Luftmassen bzw. Fronten andererseits. Erkenntnis der Bedeutung höherer Luftschichten für die Wetterentwicklung. Äquatorialfront nach Schmauss. Schedler-Dines-Korrelation. Entdeckung der Steuerung durch H. v. Ficker.

Aerologische Synoptik 1930 bis zum zweiten Weltkrieg. Voller Einsatz aerologischer Messungen für Zwecke der Synoptik. Dreidimensionale Analyse und Prognose. Objektivierung der kinematischen Methoden. Bedeutung der Konfiguration des Höhendruckfeldes für die Frontalzonen. Ausbau der Steuerungstheorie. Entdekkung der Kaltlufttropfen. Dynamische Erklärung der Drucktendenzen. Konstruktion von synoptischen Vorhersagekarten.

Theoretische Synoptik nach dem zweiten Weltkrieg. Stärkeres Eingreifen theoretischer Methoden in die synoptische Praxis. Rossbys Wellenformel. Sutcliffes Entwicklungstheorem. Hydrodynamische Instabilität der zonalen Strömung. Entdeckung der Synoptik der Strahlströme. Klassifizierung des Höhendruckfeldes nach dynamischen Gesichtspunkten (Blocking, Index-Zyklus). Zyklonenentwicklung durch barokline Instabilität. Vorticityadvektionstheorie der Drucktendenzen. Momentumtransport. Wellenspektrum der Westwindbänder. Scale analysis. Einsetzen numerischer Rechenmethoden zur Vorhersage des Höhenstromfeldes. Definition der barotropen und baroklinen Modellatmosphären.

Im ersten Abschnitt, der als „*Isobarensynoptik*" bezeichnet wird, wurde der Beweis erbracht, daß die Beschreibung des Wettergeschehens durch die Feldverteilung der meteorologischen Größen nicht nur möglich, sondern auch erfolgversprechend im Hinblick auf die Wetterprognose ist. Insbesondere konnte gezeigt werden, daß zwischen dem Druckfeld und dem eigentlichen Wettergeschehen enge Beziehungen bestehen. Die Forschung war überwiegend empirisch, die abgeleiteten synoptischen Regeln meist kinematischer Natur.

Bevor die Synoptik in den zweiten Abschnitt ihrer Entwicklung eintrat, der „*Luftmassensynoptik*" genannt wird, ertönten bekanntlich seitens der Theoretiker zwei Kassandrarufe. Einmal stellte MARGULES mittels der von ihm abgeleiteten Drucktendenzgleichung fest, daß die meteorologischen Beobachtungen viel zu ungenau seien, um Divergenzen der Impulsdichte zu erfassen, so daß empirische Untersuchungen über den Zusammenhang zwischen Stromfeld und Dichtefeld (bzw. Temperaturfeld) einerseits und Drucktendenzfeld andererseits kaum erfolgreich sein können. Andererseits wies JEFFREYS darauf hin, daß in einem rein geostrophischen Windfeld keine Druckänderungen auftreten. Die deskriptive Synoptik ließ sich allerdings durch diese wenig erfreulichen Aspekte nicht abschrekken und arbeitete weiter mit der geostrophischen Relation und dem Drucktendenzfeld. Die Entdeckung der großen Bedeutung der Luftmassen für die Wetterentwicklung und die Polarfronttheorie der Zyklonen lenkte die Aufmerksamkeit der Forscher auf andere Probleme. In diesem zweiten Abschnitt wurden die Zusammenhänge zwischen Luftmassenverteilung und Wetterablauf weitgehend geklärt. In zunehmendem Maße wurde auch die Bedeutung der höheren Luftschichten für die Wetterentwicklung erkannt. Dieser letztere Gesichtspunkt konnte allerdings erst im dritten Abschnitt in der Periode der *„aerologischen Synoptik“* voll zum Durchbruch kommen, da die Erforschung der höheren Luftschichten naturgemäß an den Fortschritt der Meßtechnik gebunden ist. Jetzt konnte erst die richtige dreidimensionale Untersuchung der Feldverteilungen einsetzen. Die Synoptik erreichte zu Beginn des zweiten Weltkrieges einen Höhepunkt, der sich dadurch manifestierte, daß erstmalig (synoptische) Vorhersagekarten im Routinedienst Verwendung fanden.

Dies war vor allem durch die genauere Erfassung der kinematischen Extrapolationsmethoden und den Ausbau des Steuerungsmechanismus möglich geworden. Ein Sorgenkind der Synoptik blieb nach wie vor das Problem der Zyklogenese, wenngleich das Studium der Konfiguration des Höhendruckfeldes im Bereich der Frontalzonen wichtige neue Anhaltspunke für die prognostische Erfassung zyklogenetischer Entwicklungen lieferte. Trotz einer Reihe von theoretischen Ansätzen war die synoptische Forschung in den drei angeführten Abschnitten überwiegend deskriptiv. Sie hatte zwar für die eigentliche Wettervorhersage grundlegende Erkenntnisse erarbeitet, doch standen oft verschiedene Anschauungen einander diametral gegenüber. Einen Wandel konnte hier nur ein Eingreifen der Theorie bringen. Und zwar mußte die theoretische Forschung dort eingreifen, wo der deskriptiven Methode diejenigen Grenzen gesetzt waren, auf die schon Margules und Jeffreys aufmerksam gemacht hatten. Die neue Entwicklung wurde einmal durch die grundlegenden Arbeiten von Rossby über die barotrope Atmosphäre und zum anderen durch die Untersuchung von H. Philipps über die Abweichung vom geostrophischen Wind eingeleitet. Damit kommen wir zum letzten Abschnitt der Synoptik, der als *theoretische Synoptik* bezeichnet werden soll, und gleichzeitig auch zu dem dritten Weg der Erforschung synoptischer Felder, nämlich dem theoretischen.

III.

Dieser Abschnitt, der vom zweiten Weltkrieg bis zur Gegenwart reicht, brachte für die Wetterprognose gänzlich neue Aspekte. Eine gedrängte Übersicht ist aus der Zusammenstellung auf Seite 65 zu entnehmen. Keineswegs bedeutet der neue Trend, daß die synoptische Arbeit überflüssig geworden ist, sie erhält nur mehr Anregungen von rein theoretischer Seite als früher. Dies zeigt sich vor allem darin, daß die Theoretiker die Aufmerksamkeit auf abgeleitete Stromfeldgrößen, wie z. B. die Vorticity, lenkten, daß Gesichtspunkte aufgezeigt wurden, wie etwa die Dispersion der langen Rossby-Wellen (Abhängigkeit der Phasengeschwindigkeit von der Wellenlänge), die die rein deskriptive Forschung vielleicht übersehen hätte, und dergleichen mehr. Erstmalig gab auch die Theorie direkte Hinweise für die deskriptive Forschung, so vor allem hinsichtlich der kritischen Windscherungen im Zusammenhang mit der dynamischen Instabilität der Strahlströme oder der baroklinen Instabilität der Zyklonenentwicklung. Während in früheren Abschnitten die Theoretiker vielfach ihre Aufgabe darin sahen, Resultate der Synoptik im nachhinein mathematisch zu untermauern oder physikalisch zu erklären, hat sich in jüngster Zeit die Arbeitsweise teilweise umgekehrt.

Vom physikalisch-mathematischen Standpunkt aus betrachtet, ist natürlich der theoretische Weg zur Erforschung der synoptischen Felder als der idealste zu bezeichnen, doch sind hier bekanntlich Grenzen gesetzt, die nur langsam beiseite geschafft werden können. Solange die theoretischen Untersuchungen nur von vereinfachten Modellatmosphären ausgehen, sind bei der Verifikation der theoretischen Resultate die Fehler der Modelle selbst zu berücksichtigen.

Trotzdem kann die Frage aufgeworfen werden, ob sich die Synoptik der Gegenwart in einer Art Krise befindet derart, daß selbständige Entdeckungen kaum mehr zu erwarten sind. Ist die rein deskriptive Methode als überholt zu bezeichnen? Diese Frage erscheint mir angesichts der rasanten Entwicklung der numerischen Wettervorhersage immerhin berechtigt zu sein. Meines Erachtens kann die Frage derzeit nicht einhellig beantwortet werden. Der Vorteil der neuen, theoretisch inspirierten Forschung ist wohl der, daß die oft so heterogenen Resultate der früheren Abschnitte allmählich in ein geordnetes, physikalisch konsistentes System gebracht werden. Sicherlich sind die Beobachtungen der wichtigste Bestandteil der Forschung. Aber die Deutung soll und muß im Einklang mit den Grundprinzipien der Physik, d. h. mit den Erkenntnissen, die aus den thermo-hydrodynamischen Gleichungen gewonnen werden, erfolgen. Dort, wo menschliche Unvollkommenheit leicht zu Fehlleistungen führt, die von der Maschine überwunden werden können, ist weitgehender Gebrauch derselben zu machen.

Damit dürfte die objektive Analyse der synoptischen Felder allmählich aus der Kompetenz des Synoptikers ausscheiden. Das bedeutet aber keineswegs, daß die Arbeit des Meteorologen überflüssig geworden ist, sie spielt sich nur auf einer anderen Ebene ab. Soweit es sich bei der Analyse um reine Interpolationen der Beobachtungen handelt, ist die moderne elektronische Maschine dem Menschen an Objektivität und Schnelligkeit ungeheuer überlegen. Auch die Voraussage von Feldverteilungen aufgrund klarer Modellannahmen ist die Aufgabe rein theoretischer Methoden. Die Arbeit des modernen Synoptikers beginnt dann mit der Verwendung dieser rechnerischen Ergebnisse für die eigentliche Wetterprognose. Ihm stehen demnach gegenüber früheren Perioden wesentlich mehr Unterlagen zur Verfügung. Nach dem berühmten Ausspruch von V. BJERKNES kann die Meteorologie nur in dem Maße zu einer exakten Wissenschaft werden, in dem sie zu einer wirklichen Physik der Atmosphäre wird. Aber auch in der reinen Physik müssen Theorie und Experiment Hand in Hand arbeiten, um in der Forschung weiterzukommen.

Anschrift des Verfassers: Prof. Dr. H. REUTER, Zentralanstalt für Meteorologie und Geodynamik, Hohe Warte 38, A-1190 Wien, Österreich.

551.509.313

(Meteorologiska Institutionen, Universität Uppsala, Schweden)

Gedanken zur Brauchbarkeit von numerischen Analysen und Prognosen

Von

A. Similä

Zusammenfassung. Es werden einige Fragen über die Brauchbarkeit der numerischen Methoden für Analysen und Prognosen im synoptischen Wetterdienst zur Diskussion gestellt.

Summary. Some questions regarding the usefulness of numerical methods for analysis and forecasting in synoptic meteorology are discussed.

Résumé. On met en discussion quelques questions qui se posent sur les possibilités d'utiliser des méthodes numériques par les services nationaux tant pour l'analyse synoptique que pour la prévision du temps.

Die Einführung von Methoden der numerischen Prognose hat leider auf die synoptisch-aerologische Forschung eher hemmend als befruchtend gewirkt. Es ist nämlich leichter, für neue und unbekannte Forschungsrichtungen, die teure Datenmaschinen benötigen, Forschungsaufträge zu erhalten als für konventionelle Methoden, obwohl diese auch bisher schon sehr bedeutende Resultate geliefert haben. Die Forschungsaufträge auf dem Gebiet der numerischen Prognose und Analyse sind meiner Meinung nach im allzu großen Ausmaß gleichartigen Versuchen erteilt worden. In den meisten europäischen Ländern sind zu gleicher Zeit mit demselben Material Versuche gemacht worden.

Weiter ist bekannt, daß die Methoden der numerischen Prognosen bis jetzt noch nicht die großen prinzipiellen Fehler, die bei der Herstellung von Prognosen der Topographien gemacht werden, verringert haben, und man soll auch für die Zukunft nicht allzu optimistisch sein. Was die Unfehlbarkeit der numerischen Analysen betrifft, muß man ebenfalls vorsichtig sein. Diese werden ja über die weiten Gebiete der Ozeane auf numerische Prognosen aufgebaut, die dann durch die Beobachtungsdaten der Wetterschiffe korrigiert werden. Ein erfahrener Meteorologe, der die Entwicklung in kürzeren Zeitintervallen mit Hilfe von zahlreichen Schiffsbeobachtungen auf Wetterkarten verfolgen kann, hat bessere Möglichkeiten in schwierigen Situationen, wo schnelle Entwicklungen auftreten, die Höhenkarten richtig zu analysieren, als eine Datenverarbeitungsmaschine mit ihren aus den Modellen oder aus der Statistik gewonnenen Analysenvorschriften.

Die numerische Prognose hat aber auch positive Seiten. Sie nimmt dem Meteorologen einen Teil der Verantwortung ab. Bei Fehlprognosen, die eine automatische Rechenmaschine macht, trägt nicht der diensthabende Meteorologe die Verantwortung. Dies hat aber zur Folge, daß bei schwierigen Situationen die weniger erfahrenen Meteorologen den von der Rechenmaschine vorgezeigten Weg der Prognose wählen, auch wenn sie an der Richtigkeit dieses Weges zweifeln. Man geht dadurch der Verantwortung aus dem Wege. In diesem Zusammenhang möchte ich folgendes anregen. Man soll zunächst die sogenannten objektiven Methoden genauer prüfen, um angeben zu können, unter welchen Voraussetzungen (z. B. Anfangsverteilung) ein verwendetes Prognosenmodell nicht imstande ist, die Wetterentwicklung richtig vorherzusagen. Es würde dann möglich sein, die Brauchbarkeit und Leistungsfähigkeit eines Modells bei verschiedenen Situationen zu beurteilen.

Anschrift des Verfassers: Univ.-Dozent A. Similä, Meteorologiska Institutionen, Universität Uppsala, Schweden.

551.509.3

(Zentralanstalt für Meteorologie und Geodynamik in Wien)

Die Stufen der Synoptik

Von

F. Lauscher

Zusammenfassung. Es wird empfohlen, das gesamte, in den hundert Jahren synoptischer Forschung und Praxis gewonnene Wissensgut zu lehren und weiterzupflegen, da dies für die meisten der praktisch tätigen Synoptiker unentbehrlich ist. Theoretische Modellergebnisse sollen empirisch gründlich geprüft werden, bevor man sie in die Alltagspraxis einführt.

Summary. The author recommends to continue to maintain and to teach the whole of knowledge gathered in a hundred years of synoptic research and practice, as this would be indispensable for most of the synopticians in routine work. Theoretical models should be tested empirically before using them in practice.

Résumé. On recommande d'enseigner et de retenir à l'avenir la totalité du savoir recueilli au cours des cent dernières années tant par la pratique que par la recherche en météorologie synoptique. En effet, ces connaissances sont absolument indispensables à la plupart des synopticiens engagés dans la pratique. Les enseignements tirés de modèles théoriques devraient être examinés empiriquement jusque dans leurs détails avant d'être introduits dans la pratique journalière.

Die ursprüngliche Bedeutung des Wortes „Synoptik" heißt Zusammenschau, was in Hann-Sürings Lehrbuch der Meteorologie, 5. Aufl., auf S. 672 als „übersichtlich" interpretiert wird. Was man schaut und übersichtlich klärt, kann man dann entweder dem Tatsacheninhalt entsprechend beschreiben („deskriptiv") oder zu erklären versuchen („theoretisch"). Die Synoptik ist das Primäre, die weitere Verarbeitungsmethodik das Sekundäre. Die Synoptik liefert das reiche Material der tatsächlichen Ereignisse und ihres Ablaufes, die Theorie muß sich vor allem auf Modellfälle beschränken, die oft von den wahren Verhältnissen zu sehr abweichen (z. B. geradliniges Anströmen der Alpen, Föhnmodell ohne Niederschlag etc.). Die Feinstruktur des Wetters ist der numerischen Wettervorhersage hinderlich; die Notwendigkeit, die synoptischen Felder durch Netzgitter zu beschreiben, ergibt die Gefahr, statt der Feinstrukturen Falschstrukturen den Berechnungen zugrunde zu legen. Sosehr wir die Leistungen der modernen theoretischen Meteorologie bewundern, welche auch an den praktischen Fortschritten der Wetterprognosen ihren Anteil haben, müssen wir doch gerade anläßlich der Hundertjahrfeier der Wetterkarten feststellen, daß wir auf keine der älteren, vielfach altbewährten Methoden der Synoptik verzichten sollten. Im Gegenteil, mehr als bisher sollten wir die Gesamtheit der synoptischen Erkenntnisse unserer Vorfahren und älteren Kollegen pflegen und sichten, damit kein Wissensgut verlorengeht.

Das „Fußvolk" der praktischen Synoptiker wird sein Wissen basieren auf gründlichen Kentnissen der allgemeinen Meteorologie und Klimatologie; denn die Meteorologie lehrt das Ansprechen des Organismus Atmosphäre in situ auf die fernbedingten Einflüsse, gibt demnach erst die Möglichkeit, die prognostizierten Felder zu regionalen Wettervorhersagen zu interpretieren, und die Klimatologie ist auf lange Sicht die sicherste Prognose. Besonders in den Formen der Untersuchung von Aktionszentren und ihren Zusammenhängen, moderner und allgemeiner in den Analysen der dynamischen Klimatologie, in statistischen Methoden, wie jenen von Kaltenbrunner, Grytöyr, Baur u. v. a., hat sie auf die Prognostik Einfluß genommen. Klimatologische Durchschnittswerte mögen nicht streng den physikalischen Gesetzen genügen, als Indizes, in denen die Gesamtheit der Einzelfälle inbegriffen ist, kann man sie dennoch benützen.

Noch besser ist für den Synoptiker natürlich das Studium der Einzelfälle selbst. Jeder Theoretiker wird zugeben, daß der größte Teil des synoptischen Wissens der Gegenwart weniger auf der Lösung mathematischer Modelle als auf der empirischen Sichtung synoptischer Einzelfälle beruht (vgl. die Vorträge von J. Bjerknes und R. Scherhag). Das Studium möglichst vieler Einzelfälle als Hilfsmittel der lokalen Synoptik empfiehlt gegenwärtig z. B. M. Čadec. Die Kenntnis markanter Einzelfälle wird auch durch das Publikum beim Synoptiker vorausgesetzt. Man muß wissen, wann und wie die größte Kälte und Hitze vor- und zustande kam, um wachsam zu sein für künftige Rekorde.

Insbesondere aber sollte der praktische Prognostiker selbstkritisch sein. Seine stärkste Arbeitswaffe ist die Aufopferungsfähigkeit zu ständiger Vertiefung in den neuesten synoptischen Zustand und seine Entwicklung, seine stärkste Waffe gegen Fehlprognosen aber deren Kenntnis. Deshalb wäre anläßlich dieses Jubiläums eine Gesamtstudie über „Fehlprognosen in 100 Jahren" sicherlich überaus nützlich gewesen. Die Pathologie spielt in der Medizin eine große Rolle, in der Meteorologie wird ihr Erkenntniswert noch zu wenig gewürdigt.

Zusammenfassend sei eine möglichst allgemeine Ausbildung der Meteorologen empfohlen. Diese Vielseitigkeit der Ausbildung wird auch eine vielseitige Nutzung der einzelnen Talente ermöglichen, ohne ihren Ausbildungs- und Betätigungsgang allzu eng zu normen. Die gemeinsame Wissensschau wird allen Stufen der Synoptik nützen: Der Lokalprognostiker wird seine örtlichen Beobachtungen über Wetteranzeichen, unter Umständen mit großen Erfolgen, in das System der Wetterlagen und ihrer wahrscheinlichen Entwicklung einbauen können. Der Regionalprognostiker wird sich auf die Gesamtheit älterer und neuester Methoden und Hilfsmittel der Synoptik stützen, jedoch keiner blindlings vertrauen, sondern abwägen, wieweit sie in Hinblick auf den neuesten Stand der Wetterentwicklung in Betracht gezogen werden könnten. Der Theoretiker aber wird sich dessen bewußt sein, daß er insbesondere der Öffentlichkeit nicht mehr versprechen soll, als ohne nachträgliche Enttäuschungen möglich ist. Man wird dem Theoretiker zubilligen müssen, daß er das Ergebnis mancher, mit stark vereinfachten Modellen gewonnenen Teilergebnisse vorerst lieber im stillen Kämmerlein bewahrt und an den Vorgängen tatsächlicher synoptischer Vorgänge gründlich überprüft, bevor es den Weg praktischer Anwendung nimmt. Den Vorwurf von Mißerfolgen sollen lieber die unteren Stufen der Synoptik tragen, das „Fußvolk" der Synoptik, welches hier gegen die „schwere Waffengattung" der Theoretiker verteidigt wurde.

Anschrift des Verfassers: Prof. Dr. F. Lauscher, Zentralanstalt für Meteorologie und Geodynamik, Hohe Warte 38, A-1190 Wien, Österreich.

551.509.313

(Deutscher Wetterdienst, Offenbach)

Das Filterproblem in der numerischen Wettervorhersage

Von

K. Hinkelmann

Mit 3 Textabbildungen

Zusammenfassung. Nichtstationäre Lösungen der strengen atmosphärischen Gleichungen beschreiben physikalisch wesentlich unterschiedliche Vorgänge: einmal die meteorologisch irrelevanten Lärmprozesse, die sich etwa mit Schallgeschwindigkeit ausbreiten, und die synoptisch relevanten sogenannten Rossby-Prozesse, die sich etwa mit Windgeschwindigkeit fortpflanzen. Ein Problem der numerischen Wettervorhersage ist es, Filterbedingungen zu formulieren, die den Forderungen nach Lärmfreiheit bei gleichzeitiger Erhaltung der Rossby-Prozesse genügen. Zur Lösung des Problems kann man zwei Wege einschlagen: Man verstümmelt die primitiven Gleichungen derart, daß zwar die Lärmprozesse eliminiert werden, die Rossby-Prozesse aber erhalten bleiben, oder man verwendet zur Prognose die vollständigen primitiven Gleichungen und versucht, die Lärmprozesse durch Adjustierung der Anfangsfelder herauszufiltern.

Summary. Non-stationary solutions of the strong atmospheric equations describe physically essentially different phenomena: firstly, the noise processes which are irrelevant for Meteorology and which propagate with about velocity of sound, and secondly, the so-called Rossby-processes, which are relevant for Synoptic Meteorology and which move approximately with wind speed.

Necessarily, two problems are posed to numerical weather prediction:

1. To replace prognostic equations of the primitive system by truncated diagnostic equations so that noise processes are eliminated, Rossby-processes, however, are maintained to a large extent (filtered models).

2. To forecast with the complete primitive equations, but to adjust the initial fields of the meteorological quantities to each other in a way that the noise processes which are admitted by the equations vanish to the largest possible extent (unfiltered models).

Both of the problems are solved by the same filter conditions, but the numerical forecasting techniques are essentially different. Examples for filters are the hydrostatic equation and the geostrophic wind relation which modify the equations of motion.

One task for numerical weather prediction is to refine the filter conditions in order to fulfill the demands for extinction of noise and conservation of Rossby-processes to an increasing extent.

As opposed to the primitive models the filtered systems eliminate short periodic phenomena, skip numerically and logically larger intervals of time and describe the processes of interest to Meteorology directly and — to a certain extent — in a conspicuous manner.

Diagnostically the filter conditions define a state of the atmosphere without noise or with but less noise, which is more similar to the real state of the atmosphere than the one free of forces which was assumed up to now. They permit to evaluate the field of motions including vertical motions from a given field of mass-distribution.

Generally the meteorological diagnosis taxes the filters less than the forecast. So it is possible that filters which can be used diagnostically give useless results for prognosis.

It is doubtful whether filters when used with small scale or tropical processes give any sense. Phenomena in these regions have probably to be treated quasi-stationarily.

Unfiltered models give more precise results and are simpler in being programmed. Therefore, it is to be expected that they will replace filtered models in the routine forecasting.

Résumé. La résolution non stationnaire des équations atmosphériques les plus spécifiques décrit des phénomènes très différents du point de vue physique: d'une part, les processus acoustiques sans importance météorologique, c'est à dire ceux qui se propagent à peu près à la vitesse du son, et d'autre part les processus synoptiques importants, dits processus de Rossby, qui se propagent à la vitesse du vent.

La prévision numérique du temps se pose naturellement les deux genres de problèmes:

1. Remplacer les équations de prévisions du système absolu (primitif) par des équations de diagnostic tronquées de telle sorte que les processus acoustiques soient éliminés, mais que les processus de Rossby soient en majeure partie maintenus (modèles filtrés).

2. Etablir des prévisions sur la base des équations primitives complètes, tout en adaptant réciproquement les champs de départ des éléments météorologiques au moyen de filtres initiaux de telle sorte que les processus acoustiques admissibles dans les équations disparaissent en majeure partie (modèles non filtrés).

Les deux problèmes sont résolus par les mêmes conditions de filtrage, les techniques de prévisions numériques sont cependant fondamentalement différentes l'une de l'autre. L'équation statique fondamentale et la relation géostrophique du vent sont des exemples de conditions de filtrage qui modifient l'équation du mouvement. Afin de satisfaire toujours mieux au maintien des processus de Rossby tout en se libérant de plus en plus des processus acoustiques, il faut affiner toujours plus les conditions de filtrage. C'est dans cette tâche que réside l'un des problèmes de la prévision numérique.

Au contraire des modèles primitifs, les systèmes filtrés éliminent les phénomènes atmosphériques de courte durée. Ils passent au-dessus de plus longues périodes et décrivent les processus météorologiques directs intressants et les expriment, jusqu'à un certain degré, de façon évidente. Les conditions de filtrage définissent par diagnostic un état de l'atmosphère sans phénomènes acoustiques ou n'en présentant que très peu. Cet état se rapproche davantage du comportement réel de l'atmosphère que l'absence de forces, état admis jusqu'ici. Ces conditions de filtrage permettent de calculer à un moment donné le champ de mouvement, y compris sa composante verticale et cela en partant d'une répartition des masses définie arbitrairement auparavant.

On admet en général que le diagnostic météorologique est moins exigeant en ce qui concerne le filtrage que ne l'est la prévision. Ainsi, les filtres qui sont encore utilisables pour un diagnostic peuvent donner des résultats absolument inutilisable en prévision. Il est douteux que des filtres soient utilisables sur de petites étendues ainsi que pour définir les processus tropicaux. Dans ces deux cas, il est probablement préférable d'utiliser des modèles quasi-stationnaires.

Des modèles non filtrés fournissent des résultats plus précis. Ils sont plus simples à programmer et remplaceront de ce fait probablement les modèles filtrés dans tous les services de prévisions de routine.

I. Einleitung

Die numerische Wettervorhersage versucht, in Gleichungen gefaßte physikalische Gesetzmäßigkeiten, die die Wetterentwicklung im Detail beschreiben und seit Jahrzehnten, wenn auch ungenutzt, bereitstehen, numerisch zu integrieren.

Die Impulse zu praktischen Lösungsversuchen gingen von der Bereitstellung immer schnellerer Rechenmaschinen und von der Bereitstellung sich entwickelnder numerischer Lösungstechniken aus. Das mag die Vermutung nahelegen, daß es nur eines zähen Fleißes und einer ausdauernden Systematik bedurft hätte, um die drei im wesentlichen von der Mathematik, der Physik und der Technik entwickelten Instrumente — Gesetze, Maschine und Numerische Analysis — zu einer routinereifen Wettervorhersagetechnik zu kombinieren.

Wäre den Meteorologen nichts anderes als diese Synthese eingefallen, so läge noch heute keine einzige aktuelle numerische Wetterkarte vor. Der Praktizierbarkeit der numerischen Wettervorhersage stellten sich nämlich zwei Hindernisse, ein ökonomisches und ein meßtechnisches Hindernis, in den Weg, die erst durch Formulierung und Lösung eines typisch meteorologischen Problems beseitigt werden konnten.

1. Der für einen numerischen Lösungszyklus anzusetzende Zeitschritt muß, wie Courant-Friedrichs-Lewy 1928 zeigten, klein sein gegenüber der Laufzeit der schnellsten Signalgeschwindigkeit von einem Gitterpunkt zum benachbarten Gitterpunkt. Löst man die Vertikale durch Gitterpunkte mit einem Abstand von 3 km auf, so beträgt die Laufzeit einer Schallwelle 10 Sekunden und der Zeitschritt demnach nur wenige Sekunden. Der mehrere Millionen Operationen umfassende numerische Lösungszyklus, in Abständen von wenigen Sekunden wiederholt, führt zu einem so unökonomischen und langsamen numerischen Verfahren, daß damit auch die schnellsten Rechenmaschinen mit der atmosphärischen Entwicklung nicht Schritt halten können.

2. Die numerische Integration der strengen Eulerschen Bewegungsgleichungen erfordert, die zeitliche Änderung der Geschwindigkeitskomponenten, d. h. die Beschleunigungen, aus kleinen Differenzen zweier relativ großer Terme zu errechnen, nämlich aus der Abweichung vom geostrophischen Gleichgewicht und aus der Abweichung vom statischen Druck. Den meteorologischen Meßwerten läßt sich nicht einmal das Vorzeichen dieser Differenzen, geschweige denn ihr Betrag entnehmen. Kein Meteorologe wäre daher das Wagnis eingegangen, auf solch unsichere Ausgangswerte ein numerisches Vorhersagemodell zu gründen.

Die numerische Wettervorhersage hat versucht, diese Hindernisse gemeinsam dadurch zu umgehen, daß sie sogenannte Filter benutzt. Es gibt heute kein numerisches Vorhersagemodell, das nicht in irgendeiner Weise von Filtern Gebrauch macht, und ich will deshalb die numerische Prognose unter dem Gesichtspunkt der Filterung zu betrachten versuchen. Die Filterung ist nämlich das eigentliche meteorologische Problem der numerischen Vorhersage, das nur mit einem gewissen analytischen Gespür für den atmosphärischen Mechanismus angegangen werden kann.

Die Filter erreichen, daß hohe Signalgeschwindigkeiten, die die Ökonomie maschineller Lösungen gefährden, eliminiert werden oder, präziser ausgedrückt, sie verwandeln hohe Signalgeschwindigkeiten in unendlich große Signalgeschwindigkeiten und behandeln, grob gesprochen, gewisse, in Wirklichkeit nacheinander ablaufende Prozesse gleichzeitig.

Das heißt: Die Filter formulieren diagnostische Beziehungen zwischen den meteorologischen Elementen und leiten im Extremfalle aus der Massenverteilung oder Druckverteilung die restlichen meteorologischen Zustandsgrößen, wie Horizontal- und Vertikalwindfeld und Dichtefeld, ab und machen damit die kleineren Differenzen großer Kräfte zwar nicht meßbar, aber doch errechenbar.

Die Filter beheben also die beiden Verfahrensmängel: die Zeitschritte werden ökonomisch, die unmeßbaren Kraftdifferenzen errechenbar, und verwandeln damit die sehr allgemeinen hydrodynamischen Gleichungen in spezifisch meteorologische Gleichungen.

Filter entstehen durch analytische Modifikationen der stringenten oder primitiven hydrodynamischen Gleichungen. Sie sind in der Anfangszeit der numerischen Wettervorhersage mehr intuitiv benutzt und erst in den letzten Jahren etwas systematischer untersucht worden. Als einfachste Filterbeispiele sind zu werten:

1. die statische Grundgleichung, die durch Vernachlässigung der Vertikalbeschleunigung entsteht, vertikal laufende Schallwellen ausfiltert und das Dichtefeld aus der Druckverteilung zu berechnen erlaubt;

2. die geostrophische Windbeziehung, die durch Vernachlässigung der Horizontalbeschleunigung entsteht, horizontal laufende Schallwellen eliminiert und das horizontale Windfeld aus der horizontalen Druckverteilung errechenbar macht.

Die statische Grundgleichung ist kein ideales Filter, die geostrophische Windbeziehung ist sogar ein unbrauchbares Filter. Beiden mangelt nämlich eine Eigenschaft, die wir erst mit den Begriffen Lärmprozesse und Rossby-Prozesse definieren können.

Die nichtstationären atmosphärischen Prozesse lassen sich nämlich in zwei sich zwar überlagernde, aber sich physikalisch markant unterscheidende Mechanismen separieren:

Der eine Mechanismus beschreibt Phänomene, die sich mit hoher Geschwindigkeit ausbreiten. Darunter fallen Schallwellen, externe und interne Gravitationswellen. Wir nennen diese Klasse Lärmprozesse. Sie sind vom meteorologischen Standpunkt aus irrelevant, in den synoptischen Wetterkarten nicht wahrnehmbar und können etwa durch die physikalischen Vorgänge charakterisiert werden, die durch einen Steinwurf in ein Wasserbecken ausgelöst werden.

Der zweite Mechanismus umfaßt solche Phänomene, die sich relativ langsam verlagern oder entwickeln. Wir nennen diese Klasse Rossby-Prozesse. Sie beinhalten die synoptisch relevanten, typisch meteorologischen Vorgänge, die wir täglich in unseren großräumigen Wetterkarten beobachten: Verlagerung, Deformation und Entwicklung von Druck- und Windsystemen, Frontogenese und Okklusion, Vertikalzirkulation und ähnliche, synoptisch erfaßbare Phänomene.

Das ideale Filter bewirkt nichts anderes als die Elimination der von ihm angesprochenen Lärmprozesse, läßt dagegen alle übrigen, nicht zu filternden physikalischen Prozesse unangetastet. Im Idealfall bewirken die Filter gemeinsam, daß alle Lärmprozesse restlos eliminiert, die Rossby-Prozesse dagegen vollständig konserviert werden. Es ist relativ einfach, Lärmprozesse auszuschließen. Das eigentliche theoretische Problem stellt sich in der gleichzeitigen Forderung nach Konservierung der meteorologisch relevanten Rossby-Physik.

In diesem Sinn sind statische Grundgleichung, die im kurzwelligen Bereich versagt, und geostrophische Windbeziehung, die die Rossby-Physik bis zur Unkenntlichkeit und Unbrauchbarkeit verstümmelt, keine idealen Filter.

II. Lärm- und Rossby-Phänomene

Ein einfaches Beispiel soll den Unterschied zwischen Lärm- und Rossby-Wellen und die Problematik des Filterns charakterisieren. Wir betrachten ein barotropes, linearisiertes und räumlich eindimensionales Modell und jeweils nur eine feste Wellenlänge. Der Coriolisparameter f sei konstant.

Dem mit konstanter Geschwindigkeit U strömenden Medium seien zur Zeit $t = 0$ Störungswellen des Druckes (h) und der Zonal- und Meridionalgeschwindigkeit (u, v) überlagert (siehe Abb. 1).

Die analytische Lösung der strengen, noch ungefilterten Gleichungen erweist, daß sich jede Amplitude der Variablen h, u und v

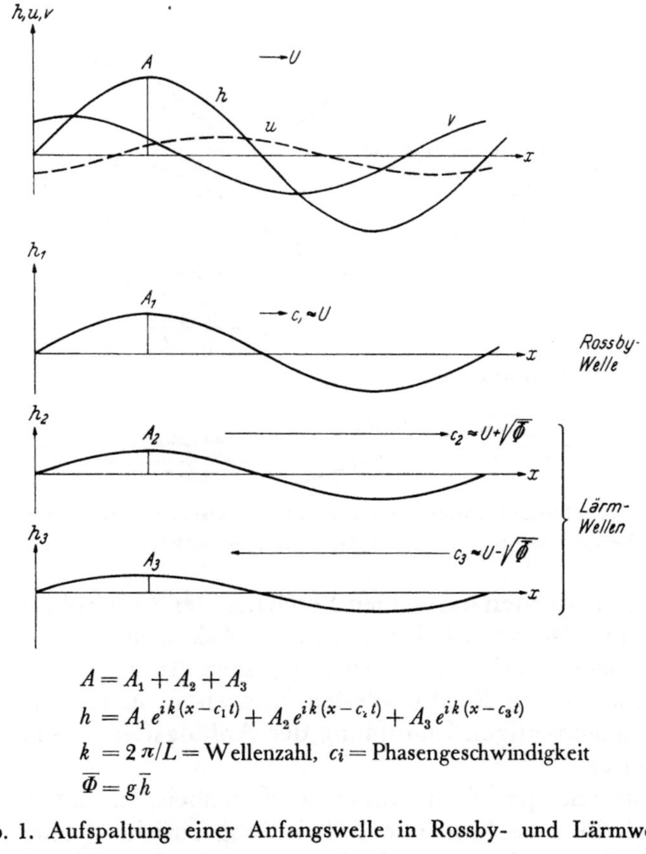

$$A = A_1 + A_2 + A_3$$

$$h = A_1 e^{ik(x - c_1 t)} + A_2 e^{ik(x - c_2 t)} + A_3 e^{ik(x - c_3 t)}$$

$k = 2\pi/L =$ Wellenzahl, $c_i =$ Phasengeschwindigkeit

$$\overline{\Phi} = g\overline{h}$$

Abb. 1. Aufspaltung einer Anfangswelle in Rossby- und Lärmwellen

in drei Anteile aufspaltet, die sich mit unterschiedlicher Geschwindigkeit verlagern, wie das Beispiel der Amplitude A von h in Abb. 1 zeigt. Ein Anteil A_1 verlagert sich etwa mit Windgeschwindigkeit. Er repräsentiert einen Rossby-Prozeß und entspricht der Verlagerung von meteorologischen Drucksystemen. Die beiden weiteren Amplitudenanteile A_2 und A_3 dagegen breiten sich in unterschiedliche Richtung und mit hoher Phasengeschwindigkeit (Schall- bzw. Gravitationsgeschwindigkeit) aus und repräsentierten Lärmprozesse.

Jede Lösung strenger atmosphärischer Gleichungen beinhaltet zwangsläufig die Existenz beider Phänomene, und es kann vorkommen, daß die Lärmprozesse die meteorologisch relevanten Prozesse völlig überdecken. Unter atmosphärischen Bedingungen verhalten sich Lärmwellen neutral und wachsen nicht an, während Rossby-

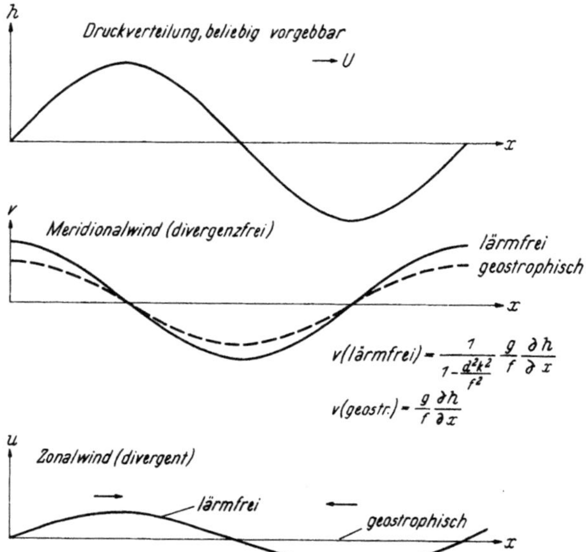

Abb. 2. Lärmfreiheit garantierende Relation zwischen Druck- und Windfeld f = Coriolispar., $d = U - c$, c = Rossby-Phasengeschwindigkeit, K = Wellenzahl

Wellen in instabilen baroklinen Bereichen der Atmosphäre sich auch entwickeln, also amplifizieren können (Zyklogenese).

In welcher Weise sich meteorologische Anfangsfelder in partikuläre Lärm- und Rossby-Wellen aufspalten, hängt ausschließlich von der gegenseitigen Zuordnung der Anfangsfelder zum Anfangszeitpunkt ab.

In unserem speziellen einfachen Wellenbeispiel läßt sich die Zuordnung, die eine lärmfreie Entwicklung zusichert, analytisch berechnen. Die Forderung, daß die Amplituden der beiden Lärmwellen aller drei Variablen verschwinden, liefert zwei diagnostische Beziehungen, die jeder beliebigen Druckwelle die beiden Strömungswellen rechnerisch zuschreiben.

Abb. 2 zeigt die beiden Lärmfreiheit garantierenden Windkomponenten und vergleicht sie mit den entsprechenden geostrophischen Windkomponenten.

Dem Ergebnis ist abzulesen, daß die lärmfreie, divergenzlose Meridionalkomponente zwar mit der geostrophischen Komponente phasengleich ist, aber eine größere Amplitude aufweist, und daß die lärmfreie divergente Zonalkomponente rein ageostrophisch ausfällt. Lärmfreie Windbeziehungen decken sich demnach nicht mit geostrophischen Windbeziehungen.

In der Praxis stellt sich das Filterproblem der numerischen Wettervorhersage insofern allgemeiner und komplizierter, als nämlich zu jedem speziellen Vorhersagesystem, auch zu nichtlinearen mehrdimensionalen baroklinen Systemen, die entsprechenden diagnostischen Beziehungen zwischen dem Massenfeld der Atmosphäre und seinem Windfeld in Form von partiellen Differentialgleichungen abzuleiten sind, die das Verschwinden irrelevanter und störender Lärmvorgänge garantieren sollen. Dieses Problem ist nur schrittweise und mit endlichem Aufwand auch nur näherungsweise lösbar.

Unterstellen wir aber für einen Moment, daß eine lärmfreie Diagnose bereitsteht, so bieten sich zwei unterschiedliche Filter- und Lösungsverfahren an, die auch die heute benutzten numerischen Vorhersagemodelle klassifizieren.

1. Die eine Methodik integriert zwar noch die strengen oder primitiven Gleichungsmodelle, adjustiert aber, wie im betrachteten Beispiel, die Anfangsfelder so, daß Lärmprozesse von den Gleichungen zwar zugelassen werden, aber in den Lösungen nicht in Erscheinung treten. Wir nennen diese nur die partikuläre Lösung filternden Modelle primitiv oder ungefiltert. Sie integrieren aus Sicherheitsgründen mit kleinen Zeitschritten, ihre Lösungsmathematik ist relativ einfach.

2. Die andere Methode ersetzt streng gültige prognostische Gleichungen durch eine gleiche Anzahl von Filterbedingungen, die damit nicht nur die Anfangsfelder ansprechen, sondern Bestandteil des Lösungssystems werden. Sie schließt Lärmvorgänge in den Lösungen grundsätzlich aus. Wir nennen solche radikal eliminierenden Modelle gefilterte Modelle.

Sie integrieren mit großen Zeitschritten. Ihre Lösungstechnik ist mathematisch relativ kompliziert, da die zeitliche Änderung der Variablen nicht mehr direkt berechenbar, sondern in numerisch aufwendige Randwertprobleme eingebettet ist. Die Berechtigung dieser Methodik folgt aus der einfachen Überlegung, daß bei Lärmfreiheit die die Anfangskonfiguration erzwingenden diagnostischen Beziehungen für alle Zeiten gelten müssen, da ja jeder beliebige Zeitpunkt wieder als neuer Anfangszeitpunkt, zu dem die Filterbedingungen gelten, betrachtet werden kann. Gelten diese Filterbedingungen aber zu allen Zeiten, so müssen sie auch als direkte Prognoseinstrumente verwendbar sein.

Die Lösungen beider Methoden sind streng genommen identisch. Sie unterscheiden sich allenfalls in der Praxis durch Aufrundungsfehler und naturgemäß bei unvollständiger Filterung. Sie unterscheiden sich wesentlich in der Lösungsmaschinerie. In der heutigen Praxis sind auch ungefilterte Modelle als Kompromiß zwischen diesen beiden Methodiken anzusprechen, denn sie filtern zumindest vertikal laufende Schallwellen radikal.

Die auf das besprochene Beispiel bezogene Abb. 3 demonstriert den Unterschied zwischen gefilterten und ungefilterten Systemen an Hand der Charakteristiken-Struktur. Die gefilterten Modelle klap-

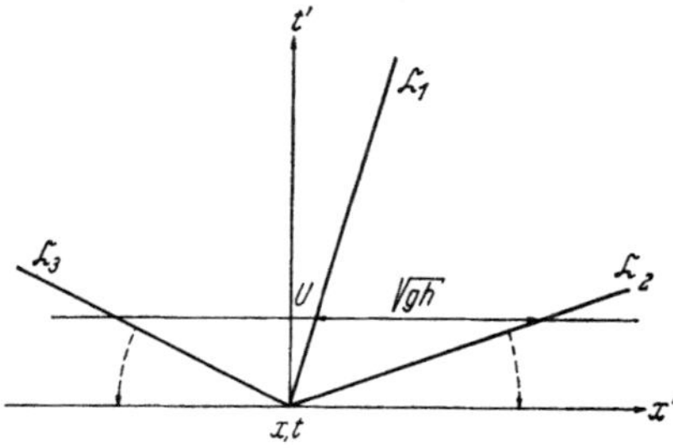

Abb. 3. Charakteristiken-Konfiguration eines hydrostatisch barotropen Systems

pen die beiden äußeren, hohen Signalgeschwindigkeiten entsprechenden Charakteristiken in die Anfangsmannigfaltigkeit und verwandeln damit das nichtcharakteristische Anfangswertproblem in ein charakteristisches. Aus der Vielzahl der Verwandlungsmöglichkeiten wird die ausgewählt, die entlang der charakteristischen Anfangsmannigfaltigkeit Verträglichkeitsbedingungen erzeugt, die mit den Filtergleichungen zusammenfallen oder ihnen weitgehend nahekommen.

Die ungefilterten Modelle lassen dagegen die Charakteristiken-Struktur ungeändert, verhindern jedoch durch eine spezielle filternde Zuordnung der Anfangsfelder in der nichtcharakteristischen Anfangsmannigfaltigkeit, daß sich entlang der äußeren Charakteristiken Impulse ausbreiten.

Eine dritte Möglichkeit der Filterung, die die beiden äußeren Charakteristiken in die mittlere, der Windgeschwindigkeit entsprechende Charakteristik zurückklappt, scheint ein sehr ökonomisches Rechenverfahren zu versprechen. Es liegen aber bisher noch keine praktischen Ergebnisse vor.

III. Analytisches Prinzip der Filterung

Welches Prinzip führt nun analytisch zur Elimination der unerwünschten Lärmprozesse bei gleichzeitiger Erhaltung der synoptisch interessierenden Prozesse?

Zwei Hinweise mögen den Weg zu diesem Prinzip andeuten.

1. Die uns bekannten, wenn auch mangelhaften Filter in Gestalt der statischen Grundgleichung und der geostrophischen Windbeziehung entstehen durch Vernachlässigung zeitlicher Ableitungen der Windkomponenten. Das legt die Vermutung nahe, daß Filterbedingungen allgemein durch Nullsetzen zeitlicher Differentialquotienten erhalten werden.

2. Lösungen ungefilterter linearer Systeme separieren additiv die unterschiedlichen Ausbreitungsprozesse, wie folgendes typisches Lösungsbeispiel zeigt:

$$\psi = \underbrace{A_1\, e^{ik(x-c_1 t)}}_{\text{Rossby-Welle}} + \underbrace{A_2\, e^{ik(x-c_2 t)} + A_3\, e^{ik(x-c_3 t)}}_{\text{Lärmwellen}} \tag{1}$$

mit c_i = Phasengeschwindigkeit, k = Wellenzahl, Ψ = beliebige abhängige Variable.

Setzt man zur Zeit $t = 0$ versuchsweise an:

$$\frac{d^n}{dt^n}\psi = \left(\frac{\partial}{\partial t} + U\frac{\partial}{\partial x}\right)^n \psi = 0, \tag{2}$$

so erzwingt diese diagnostische Forderung für (1) die Amplitudenbeziehung

$$A_1\, d_1{}^n + A_2\, d_2{}^n + A_3\, d_3{}^n = 0,\ \ d_j = U - c_j \tag{3}$$

und wegen $|d_1| < |d_2| < |d_3|$ das Verschwinden von A_3 mit $n \to \infty$. Das heißt, mit zunehmender Ordnung des Filteransatzes (2) konvergiert die Amplitude der am schnellsten laufenden Welle gegen Null.

Analog erzwingen zwei voneinander unabhängige Filteransätze z. B. von der Form:

$$\frac{d^n}{dt^n}\psi = 0 \ \text{ und } \ \frac{d^{n+1}}{dt^{n+1}}\psi = 0 \tag{4 a}$$

oder

$$\frac{d^n}{dt^n}\psi_1 = 0 \ \text{ und } \ \frac{d^n}{dt^n}\psi_2 = 0 \tag{4 b}$$

das Verschwinden beider Lärmamplituden A_2 und A_3, wie eine einfache nähere Betrachtung zeigt.

Wir folgern aus diesen beiden Hinweisen analog und verallgemeinernd, daß folgendes analytische Rezept die Filterung eines Lärmwellenpaares bewirkt:

Zwei zeitliche Ableitungen der abhängigen Variablen, oder von Kombinationen davon, werden identisch Null gesetzt. Mit steigender

Ableitungsordnung werden in ungefilterten Modellen die Lärmanteile zunehmend reduziert, in gefilterten Modellen wird der Rossby-Mechanismus zunehmend restauriert.

Je nach den gewählten Variablen bilden sich ganze Filterfamilien. In der folgenden Zusammenstellung sind Beispiele solcher Filterfamilien katalogisiert und bekannte und gebräuchliche Filtergleichungen diesen Familien zugeordnet:

Vertikal-Filter (w und ϱ aus u, v, p)

$$
\text{I}\left\{
\begin{array}{ll}
\dfrac{dw}{dt} = 0 & \text{Statische Grundgleichung} \\[2ex]
\dfrac{d^2 w}{dt^2} = 0 & \text{Richardson-Gleich. } \dfrac{\partial u}{\partial x} + \dfrac{\partial v}{\partial y} + \dfrac{\partial \omega}{\partial p} = 0 \\[2ex]
\dfrac{d^3 w}{dt^3} = 0 & \text{nicht untersuchte Verbesserung} \\
\vdots &
\end{array}
\right.
$$

$$
\text{II}\left\{
\begin{array}{l}
\dfrac{d}{dt}\left(\dfrac{\partial u}{\partial x} + \dfrac{\partial v}{\partial y} + \dfrac{\partial w}{\partial z}\right) = 0 \\[2ex]
\dfrac{d^2}{dt^2}\left(\dfrac{\partial u}{\partial x} + \dfrac{\partial v}{\partial y} + \dfrac{\partial w}{\partial z}\right) = 0 \\
\vdots
\end{array}
\right\}
\begin{array}{l}
\text{Verbesserung durch Variabeln-} \\
\text{Wechsel führt zu Verwandten} \\
\text{der statischen Grundgleichung,} \\
\text{die auch im Kurzwellenbereich} \\
\text{ansprechen}
\end{array}
$$

Horizontal-Filter (u, v aus p)

$$
\text{I}\left\{
\begin{array}{ll}
\dfrac{d}{dt}(u, v) = 0 & \text{geostrophischer Wind} \\[2ex]
\dfrac{d^2}{dt^2}(u, v) = 0 & \text{ageostrophischer Wind (nach H. Phillips)} \\[2ex]
\dfrac{d^3}{dt^3}(u, v) = 0 & \text{nicht untersuchte Verbesserung} \\
\vdots &
\end{array}
\right.
$$

$$
D = \frac{\partial u}{\partial x} + \frac{\partial v}{\partial y} \qquad
\text{II}\left\{
\begin{array}{ll}
\dfrac{d^0}{dt^0}(D) = 0 & \text{divergenzfrei} \\[2ex]
\dfrac{d^1}{dt^1}(D) = 0 & \text{Balancegleichung} \\[2ex]
\dfrac{d^2}{dt^2}(D) = 0 & \text{sog. } \omega\text{-Gleichung} \\[2ex]
\dfrac{d^3}{dt^3}(D) = 0 & \text{nicht untersucht} \\
\vdots &
\end{array}
\right.
$$

(erste und zweite Gleichung:) divergenzfreier Balancewind, Stromfunktion ψ

(zweite und dritte Gleichung:) Balancewind mit Divergenz und Rotationsanteil, Stromfunktion ψ und Geschwindigkeitspotential χ

IV. Diagnostischer und prognostischer Wert der Filter

1. Der prognostische Wert der Filter ist in der Meteorologisierung der allgemeinen hydrodynamischen Gleichungen zu sehen. Gefilterte Modelle werfen den überflüssigen Ballast meteorologisch uninteressanter Bewegungsformen ab und konzentrieren sich auf die Beschreibung synoptisch wirksamer Prozesse.

Sie ermöglichen, besonders durch Filterung vertikal laufender Schallwellen, erst ein ökonomisches numerisches Lösungverfahren, sie stützen sich nur auf ausreichend genau meßbare Anfangsfelder ab, und ihr Differentialmechanismus simuliert direkt den synoptischen Tendenzmechanismus. Die in den gefilterten Systemen verbleibenden zeitlichen Differentialquotienten werden nämlich praktisch identisch mit den in den Wetterkarten beobachteten stündlichen Änderungen. Ganz im Gegensatz zu primitiven Systemen können daher gefilterte Systeme in bereits ungelöster differentieller Form oder, in eine kurze Serie entwickelt, zu einer gewissen Veranschaulichung meteorologischer Entwicklungen dienen. Alle Versuche, den großräumigen atmosphärischen Mechanismus physikalisch verstehen zu wollen, sind daher auf gefilterte Systeme angewiesen.

2. Hauptnutznießer der Filter ist zweifellos die Theorie der meteorologischen Analyse. Die Tatsache, daß die täglichen Wetterkarten keine Anzeichen von Lärmvorgängen erkennen lassen, legt die Hypothese nahe, daß die reale Atmosphäre mit gewissen Einschränkungen aus der Vielzahl der möglichen Phasenbahnen gerade die auswählt, die sich durch Lärmfreiheit auszeichnen. Diese Hypothese ist logischer und physikalischer als die übliche Annahme, daß sich die Atmosphäre im Kräftegleichgewicht befindet. Man kann leicht zeigen, daß eine augenblicklich kräftefreie Atmosphäre nur unter trivialen Bedingungen kräftefrei bleibt (reine Zonalströmung). Im allgemeinen entwickelt sie automatisch und spontan resultierende Kräfte, die ja gerade die atmosphärische Maschine antreiben. Eine ideal lärmfreie Atmosphäre dagegen ist nicht nur zu einem bestimmten Zeitpunkt lärmfrei, sondern schon per definitionem auch für alle Zukunft. Eine lärmfreie atmosphärische Entwicklung beinhaltet demnach eine zwar spezielle, aber mögliche, den strengen atmosphärischen Gesetzen nicht widersprechende Verhaltensform.

Unterstellt man aber der Atmosphäre dieses spezielle Verhalten, dann beschreiben die Filtergleichungen zu jedem Zeitpunkt den atmosphärischen Zustand weitgehend realistisch. Da diese Filterbedingungen diagnostische Beziehungen zwischen den verschiedenen meteorologischen Feldern beschreiben, die aus einem Feld andere

Felder zu errechnen gestatten, so ersetzen sie praktisch ganze Beobachtungssysteme. Statt zu messen, werden jetzt mit den Filtergleichungen der Messung nicht direkt zugängige Felder berechnet oder auch mit den Filtergleichungen unverträgliche Meßwerte erkannt und korrigiert. Anschaulichstes Beispiel dafür ist das Feld der großräumigen Vertikalbewegung, das vermutlich weitgehend realistisch aus der Druckverteilung mit Filtergleichungen abgeleitet werden kann und in der numerischen Analyse auch abgeleitet wird.

Auch andere subtile Felder, wie ageostrophische Windkomponenten oder Abweichungen vom statischen Druckgleichgewicht, lassen sich prinzipiell, allerdings mit erheblichem mathematischem und numerischem Aufwand, aus synoptischen Meßdaten errechnen. Das Filterproblem wird damit zum Schlüssel für die gesamte Theorie der meteorologischen Diagnostik.

Im übrigen wertet die meteorologische Prognose die Filterbedingungen unterschiedlich zur meteorologischen Diagnose, die in ihren Ansprüchen an die Güte des Filters und damit an den numerischen Lösungsaufwand bescheidener auftritt. Die bisherigen Erfahrungen zeigen, daß unvollständige Filter für diagnostische Zwecke zwar noch als brauchbar, als Prognosegleichungen benutzt aber schon als unbrauchbar betrachtet werden können. Die geostrophische Windbeziehung, diagnostisch dauernd verwendet, aber prognostisch wertlos, ist ein simples, aber treffendes Argument für diese Annahme.

V. Anwendungsgebiet der Filtergleichungen

Der Gültigkeitsbereich der besprochenen Filtersysteme ist nicht unbegrenzt.

1. Filter, die die Elimination vertikal laufender Lärmwellen bezwecken, also Filter aus der Familie der statischen Grundgleichung, sind sicherlich geographisch gleichmäßig anwendbar, verlieren aber im kurzwelligen Spektrum ihre Wirksamkeit, wo die Wellenlänge mit der Höhe der homogenen Atmosphäre vergleichbar wird. Die Vermutung ist berechtigt, daß höhere Filterapproximationen diesem Mangel entgegenwirken, so daß dieser Effekt allein die numerische Vorhersagetechnik nicht davon abhält, in mesoskalige Spektralbereiche vorzudringen.

2. Anders verhalten sich Filter, die horizontal laufende Lärmwellen eliminieren. Ihr Anwendungsbereich verliert sich zwangsläufig dort, wo die Corioliskraft verschwindet oder gegen andere Kräfte zurücktritt, also in tropischen Breiten und im kurzwelligen Sektor außertropischer Breiten. In diesen Bereichen scheinen nichtstationäre Prozesse sich ausschließlich aus Lärmprozessen zu rekru-

tieren, so daß unmeßbare Felder mit diagnostischen Filterbeziehungen aus meßbaren Feldern nicht ableitbar sind. Das ist der tiefere Grund dafür, daß sich die numerische Wettervorhersage bisher dieser atmosphärischen Gebiete nicht angenommen hat. Die meteorologisch relevanten Vorgänge in diesen Domänen der Lärmwellen sind vermutlich stationäre oder quasistationäre Vorgänge. Man denke etwa an den Land- und Seewind oder an tropische Zirkulationen. Ihre Gestalt und ihr Verhalten werden wahrscheinlich bestimmt durch die räumliche Verteilung der Quellen und Senken von Wärme und Moment und deren zeitlichen Veränderungen. Um ein realistisches und synoptisch brauchbares Diagnoseverfahren für diese Gebiete zu entwickeln, scheint es notwendig und erfolgversprechend, den atmosphärischen Zustand allein aus der Forderung nach Stationärität aus direkt oder indirekt ermittelten Quellen äußerer Kräfte herzuleiten und die Beobachtungsergebnisse zur Positionskontrolle dieser Quellen heranzuziehen.

Anschrift des Verfassers: Dozent Dr. K. Hinkelmann, Deutscher Wetterdienst, Frankfurter Straße 135, D-605 Offenbach, Bundesrepublik Deutschland.

551.513:551.515.13

(Institut für Meteorologie und Geophysik der Universität Wien)

Zum Problem der baroklinen Instabilität in einer zonalen und meridionalen Grundströmung

Von

H. Pichler und **H. Reuter**

Mit 1 Textabbildung

Zusammenfassung. Es wird nachgewiesen, daß zyklogenetische Prozesse zufolge einer baroklinen Instabilität nicht nur in einer zonalen, sondern auch in einer meridionalen Grundströmung auftreten können. Während bei zonaler Betrachtung das Instabilwerden der kritischen Wellenlängen im wesentlichen von der vertikalen Windscherung abhängt, liegen die Verhältnisse im meridionalen Fall anders. Hier muß bereits im Grundfeld eine Vertikalbewegung angenommen werden, die eine beständige Meridionalströmung bewirkt (Ausgleich des β-Effekts). Das Instabilwerden der kritischen Wellenlängen hängt dann im wesentlichen vom Verhältnis der Vertikalbewegung im Grundfeld zur Änderung der kinetischen Energie des Grundstromes in vertikaler Hinsicht ab.

Summary. It is shown that processes of cyclogenesis caused by baroclinic instability can occur not only in zonal but even in meridional flow. Whereas in zonal conditions the waves of critical length become unstable in dependency on vertical wind shear, we have completely other conditions in the meridional case. In this event one has to assume a vertical motion already in the basic field which causes a steady meridional flow (compensation of β-effect). Then, the process of growing unstable of the critical wave lengths depends mainly on the ratio of the vertical motion in the basic flow to the variation of kinetic energy of the basic flow with altitude.

Résumé. Les processus de cyclogénèse par suite d'une instabilité barocline peuvent se produire non seulement dans un courant dominant parallèle à l'équateur mais aussi dans un courant méridien. Alors que dans un développement parallèle à l'équateur la période critique devient instable essentiellement en fonction du cisaillement du vent en altitude, les choses se présentent différemment dans le cas d'un développement méridien. Il faut, dans un tel cas, admettre un mouvement vertical dans le champ de base déjà. Ce mouvement provoque un courant méridien stable (égalisation de l'effet β). Les périodes critiques deviennent instables principalement en fonction du rapport existant entre le mouvement vertical dans le champ de base et la variation de l'énergie cinétique du courant initial dans le sens vertical.

Ein Hauptproblem in der Meteorologie ist die Zyklogenese. Im Laufe der Geschichte der Meteorologie wurde dieses Problem von den verschiedensten Gesichtspunkten her beleuchtet. Die Polarfronttheorie der Zyklonenbildung geht im wesentlichen von einer Scherungsinstabilität im horizontalen Windfeld aus. Dabei wird die für die Entwicklung benötigte Energie aus dem zonalen Grundstrom geliefert. In neuerer Zeit wird das Entwicklungsproblem überwiegend vom Blickpunkt der baroklinen Instabilität aus betrachtet. Schon MARGULES [1] hat darauf aufmerksam gemacht, daß bei zyklogenetischen Prozessen die hiefür notwendige Energie durch Umwandlung von potentieller in kinetische Energie gewonnen werden muß. Die Theorie der baroklinen Instabilität, die von CHARNEY [2] inauguriert wurde, trägt diesem Umstand vollauf Rechnung. Diese Theorie geht von folgender Überlegung aus. Wir nehmen einen zonalen Grundstrom an, der nicht unbedingt eine horizontale Scherung aufzuweisen braucht. Zufolge des süd-nördlich gerichteten Temperaturgefälles nimmt nach der thermischen Windgleichung die Geschwindigkeit des zonalen Grundstromes mit der Höhe zu. Demnach setzen wir eine vertikale Windscherung voraus. Diesem zonalen Grundstrom werden nun Wellenstörungen überlagert. Man kann zeigen, daß Wellen, deren Längen größenordnungsmäßig im Bereich der Zyklonenwellen liegen, instabil werden, wenn die vertikale Windscherung einen kritischen Wert überschritten hat. Bei CHARNEY waren zunächst alle kurzen und mittleren Wellen instabil, nur die langen Rossby-Wellen waren stabil. FJÖRTOFT [3] konnte dann diese Schwierigkeit beheben.

Bei Untersuchungen, die seit einiger Zeit an der Lehrkanzel für theoretische Meteorologie an der Universität Wien über den Einfluß der Orographie auf die Stromfelder in der Troposphäre durchgeführt wurden (REUTER und PICHLER [4, 5]), tauchte die Frage auf, unter welchen Bedingungen in einer meridionalen Grundströmung zyklogenetische Prozesse auftreten. REUTER und PICHLER haben in einer Untersuchung [6] die Bedingungen hiefür erarbeitet und näher diskutiert.

Ausgangspunkt der Betrachtungen ist ein adiabatisches Modell mit dem Druck p als Vertikalkoordinate. Es ist leicht einzusehen, daß ein meridionaler Grundzustand in der Form $V = V(p)$ keine partikuläre Lösung der nichtlinearen (stationären) Modellgleichungen ist. Wir müssen daher zunächst einen meridionalen stationären

Grundzustand schaffen, der den nichtlinearen Gleichungen genügt. Man kann nun zeigen, daß folgende Darstellung des meridionalen Grundzustandes eine Lösung der nichtlinearen Modellgleichungen ist.

$$\begin{aligned} U &= 0, \\ V &= \frac{f_0}{f}(C_1 p^{\varkappa} + C_2), \\ \omega &= \frac{f_0 \beta}{f^2}\left\{\int (C_1 p^{\varkappa} + C_2)\,dp + F(y)\right\}, \\ H &= f_0\, x (C_1 p^{\varkappa} + C_2) + G(y, p). \end{aligned} \tag{1}$$

Dabei bedeuten: U = zonale Grundströmung
V = meridionale Grundströmung
ω = generalisierte Vertikalbewegung im Grundfeld
f = Coriolisparameter
$\beta = \frac{df}{dy} = \text{const.}$
$\varkappa = R/c_p$ (R = Gastkonstante, c_p = spezifische Wärme bei konstantem Druck)
C_1, C_2 = frei wählbare Konstante
H = Geopotential des Grundfeldes

Die Funktionen $F(y)$ und $G(y, p)$ müssen noch besonders spezifiziert werden, damit die Darstellung in (1) eine Lösung der Modellgleichungen ist. Näher kann hier darauf nicht eingegangen werden (s. [6]).

Man sieht hier, zum Unterschied von den üblichen baroklinen Instabilitätsbetrachtungen im zonalen Fall, daß bereits im Grundfeld eine Vertikalbewegung vorhanden sein muß. Diese Vertikalbewegung kann bei Überströmung eines orographischen Hindernisses zufolge der kinematischen Grenzbedingung auftreten. Es läßt sich zeigen, daß bei einer Nordströmung die Ablenkung, die diese Strömung durch die Änderung des Coriolisparameters mit der geographischen Breite (β-Effekt) erfährt, durch eine Divergenz, die orographisch durch ein west-östlich orientiertes Gebirge hervorgerufen wird, aufgehoben werden kann. Bei einer Südströmung ist dies nicht der Fall. Demnach kann eine Nordströmung gewissermaßen orographisch stabilisiert werden (Reuter und Pichler [4]).

Diesem stationären meridionalen Grundzustand werden nun kleine Störungen überlagert. Man bekommt auf diese Weise für das eingangs definierte Modell ein linearisiertes Differentialgleichungssystem in den Störkomponenten. Unter Verwendung der geostrophischen Approximation für die Störterme kann für die gestörte Komponente im Geopotentialfeld ein Lösungsansatz in der Form exp. $[k(y - ct + \nu x)]$ angesetzt werden. Bei Anwendung dieses Systems auf ein einfaches Zweischichtenmodell kann man dann sehr

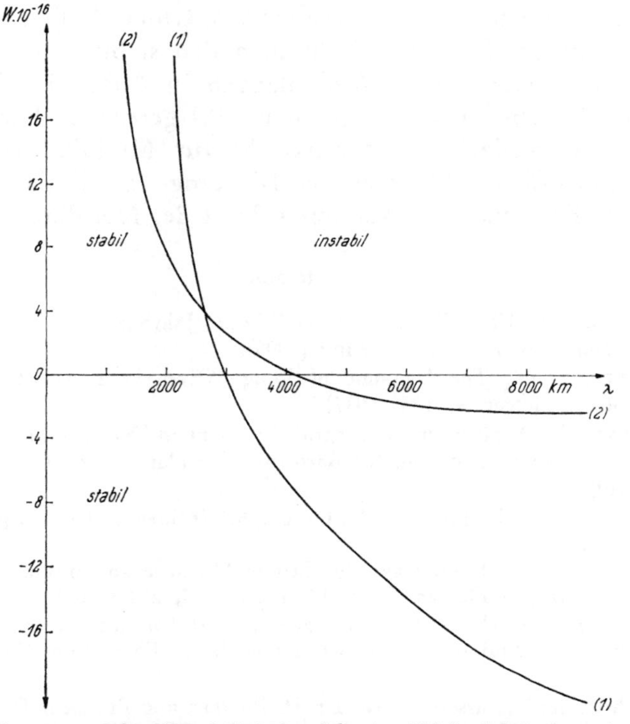

Abb. 1. Abgrenzung des Instabilitätsbereichs in Abhängigkeit von der Wellenlänge und dem Parameter W. Kurve (1) für $\nu = 0{,}1$, Kurve (2) für $\nu = 1{,}0$

einfach die Phasengeschwindigkeit c ausrechnen. Für komplexe Werte von c wird die Wellenstörung instabil. Es zeigt sich hier ein grundlegender Unterschied gegenüber den zonalen Verhältnissen. Bei vorgegebenem meridionalem Grundzustand hängt nämlich die barokline Instabilität nicht von der vertikalen Windscherung, wie dies beim zonalen Grundzustand der Fall ist, sondern von dem Ausdruck

$$W = \frac{f\omega}{\Delta p \, \Delta K} \qquad (2)$$

ab. ΔK bedeutet hierin die Änderung der kinetischen Energie der meridionalen Grundströmung von der unteren zur oberen Begrenzung einer Luftschicht von der Dicke Δp. Demnach kommt es in unserem Fall im wesentlichen auf das Verhältnis zwischen der Vertikalbewegung im stationären Grundfeld zu der Änderung der kinetischen Energie der meridionalen Grundströmung von der Unter- zur Obergrenze der betrachteten Schicht Δp an. Ferner ist noch festzuhalten, daß bei der Wellenbildung die β-Kontrolle nahezu verschwindet, da diese ohnehin bereits im Grundzustand vorhanden ist. Demnach bilden sich in einer meridionalen Grundströmung nur kurze und mittlere Wellen aus. Lange Wellen können sich nicht ausbilden. In Abb. 1 sieht man den stabilen und instabilen Bereich für verschiedene Wellenlängen in Abhängigkeit von der Funktion W. Die Kurve (1) ist für $\nu = 0{,}1$ gerechnet. Hier steht die Trog- bzw. Keilachse fast senkrecht zur Meridianrichtung. Die Kurve (2) ist für $\nu = 1{,}0$ gerechnet. Die Trog- bzw. Keilachse schließt in diesem Fall einen Winkel von 45^0 mit der Meridianrichtung ein.

Literatur

1. Margules, M.: Über die Energie der Stürme. Jahrbuch der Zentralanstalt für Meteorologie in Wien **48,** Anhang (1903).
2. Charney, J. G.: The Dynamic of Long Waves in a Baroclinic Westerly Current. J. Meteor. **4,** 135 (1947).
3. Fjörtoft, R.: Application of Integral Theorems in Deriving Criteria of Stability for Laminar Flows and for Baroclinic Circular Vortex. Geofys. Publ. **17,** 52 (1949).
4. Reuter, H., und H. Pichler: An Orographic Influence of the Alps. Tellus **16,** 40 (1964).
5. Reuter, H., und H. Pichler: Zur Stromfeldtheorie auf orographisch modifizierten isentropen Flächen. Beitr. Phys. Atm. **37,** 212 (1964).
6. Pichler, H., und H. Reuter: Zyklogenese durch barokline Instabilität in einer zonalen und meridionalen Grundströmung. Beitr. Phys. Atm. (Im Druck.)

Anschrift der Verfasser: Dozent Dr. H. Pichler und Professor Dr. H. Reuter, Zentralanstalt für Meteorologie und Geodynamik, Hohe Warte 38, A-1190 Wien, Österreich.

551.513

(Tschechoslowakische Akademie der Wissenschaften, Institut für Physik dei Atmosphäre, Prag 4)

Die Retrogression der divergenzfreien Wellen

Von

Vojtěch Vítek

Zusammenfassung. In der vorliegenden Arbeit wird gezeigt, daß im divergenzfreien Niveau neben den Rossby-Wellen auch noch ein anderer Wellentypus vorkommen kann. Diese Wellen haben ebenfalls die Eigenschaft, stabil zu sein, doch hängt die Phasengeschwindigkeit von der Schichtung der Atmosphäre ab. Durch Retrogradwerden der Wellen wird diese Geschwindigkeit stark gedämpft.

Summary. The author shows that, besides Rossby waves, even another type of waves can be found at the level of non-divergence. These waves are stable, too, however their phase velocity depends on the stability of the atmosphere. This velocity is highly damped when the waves become retrogressive.

Résumé. Dans ce travail, on démontre qu'à un certain niveau ne présentant pas de divergeances on peut rencontrer un type d'ondes différent des ondes de Rossby. Les ondes de ce type ont, elles aussi, la propriété d'être stables. La vitesse de leur phase dépend cependant de l'étagement de l'atmosphère. Si ces ondes deviennent rétrogrades, cette vitesse est fortement réduite.

Wolff [1] zeigte, daß die Phase der planetaren Wellen im äquivalent-barotropen Modell unrichtig vorhergesagt wird. Theoretisch kann dieser systematische Fehler als unreelle Retrogression der Rossbyschen Wellen im Bereich der längsten Wellen interpretiert werden. Die Eigenschaften der planetaren Wellen in baroklinen und barotropen Modellen wurden besonders von Wiin-Nielsen [2, 3] studiert. In unserem Beitrag versuchen wir zu zeigen, daß im divergenzfreien Niveau außer Rossbyschen Wellen auch stabile Wellen vorkommen können, deren Wellengeschwindigkeit durch die Schichtung der Atmosphäre kontrolliert und durch die die Retrogression erheblich gedämpft wird.

Wir betrachten Wellenbewegungen in einer zonalen Strömung $U(p)$. Die Wellen werden im isobaren Koordinatensystem durch die Größen

$$v_y = V(p) \exp[ik(x-ct)],$$
$$\omega = \frac{dp}{dt} = P(p) \exp[ik(x-ct)] \tag{1}$$

charakterisiert. Aus der linearisierten Wirbelgleichung geht hervor

$$v_y = -k^{-2} f (U-c-\beta k^{-2})^{-1} \frac{\partial \omega}{\partial p},$$
$$\xi = \frac{\partial v_y}{\partial x} = -k^{-2} f (U-c-\beta k^{-2})^{-1} \frac{\partial^2 \omega}{\partial x \partial p}. \tag{2}$$

Weiter nehmen wir an, daß die Strömung geostrophisch und adiabatisch ist. Aus dem ersten Hauptsatz der Wärmelehre ergibt sich dann

$$f \frac{\partial^2 \xi}{\partial p \partial t} - R p^{-1} \nabla^2 (\mathfrak{v} . \nabla T) + \nabla^2 (\sigma \omega) = 0. \tag{3}$$

In allen Gleichungen wird die übliche Symbolik benützt.

Kombinieren wir nun die Gln. (2) mit der linearisierten Gl. (3), und zwar unter folgenden Voraussetzungen:

$$\sigma = \sigma(p),$$
$$\nabla^2 (\mathfrak{v} . \nabla T) \approx \frac{\partial T_U}{\partial y} \nabla^2 v_y, \quad \frac{\partial T_U}{\partial y} = F(p), \tag{4}$$
$$\omega(p=p_0) = \omega(p=0) = 0, \quad \omega = 4 M \frac{p}{p_0} \left(1 - \frac{p}{p_0}\right) \exp[ik(x-ct)].$$

In den Gln. (4) bedeutet $\partial T_U / \partial y$ den der Weströmung $U(p)$ entsprechenden Temperaturgradienten, und mit M wird der maximale Wert der isobaren Vertikalgeschwindigkeit im divergenzfreien Niveau $p^* = \frac{1}{2} p_0 = 500$ mb bezeichnet. Nach Umformung erhält man

$$k^2 \sigma p (p_0 - p)(U-c-\beta k^{-2})^2 - 2 f^2 c (U-c-\beta k^{-2}) - \tag{5}$$
$$-2 f^2 \frac{dU}{dp} (p_0 - 2p) c + f^2 \frac{dU}{dp} (p_0 - 2p)(U - \beta k^{-2}) = 0.$$

Wir beschränken uns nur auf die Vorgänge im divergenzfreien Niveau $p^* = \frac{1}{2} p_0$. Die Frequenzgleichung (5) nimmt damit folgende Form an:

$$[k^2 \sigma p_0^2 (U-c-\beta k^{-2}) - 8 f^2 c] (U-c-\beta k^{-2}) = 0. \tag{6}$$

Die erste Lösung der Gl. (6) ergibt Rossbysche Wellen

$$c = U - \beta k^{-2}. \tag{7}$$

Als zweite Lösung erhält man

$$c = \left(1 + \frac{8 f^2}{k^2 p_0^2 \sigma}\right)^{-1} (U - \beta k^{-2}) = c_8. \tag{8}$$

Die durch die Gl. (8) definierten Wellen bewegen sich bei stabiler Schichtung immer langsamer als die Rossbyschen Wellen mit derselben Wellenlänge. Für $U - \beta k^{-2} < 0$ kommt für beide Wellentypen eine Retrogression vor, die jedoch für die durch die Gl. (8) beschriebenen Wellen erheblich reduziert wird, denn

$$\lim_{k \to 0} c_8 = - \frac{p_0^2 \sigma \beta}{8 f^2} = c_l. \tag{9}$$

Zur Illustration betrachten wir eine planetare Welle mit

$$L = 4\pi \,.\, 10^6 \,\mathrm{m}.$$

Für

$$f = 10^{-4} \sec^{-1}, \quad \sigma = 3{,}2 \,.\, 10^{-2} \,\mathrm{m}^2 \,\mathrm{mb}^{-2} \sec^{-2}, \quad p = 10^3 \,\mathrm{mb}$$

ist

$$1 + 8 f^2 / k^2 p_0^2 \sigma = 11.$$

Das heißt, daß die Retrogression im Vergleich mit den Rossbyschen Wellen elfmal kleiner ist. Im Grenzfall (9) stellt man für $\beta = \beta_{45^0}$ fest, daß $c_l \doteq -6{,}5$ m sec^{-1}. Dieser Wert nähert sich numerisch dem analogen Wert, der aus dem baroklinen Modell von WIIN-NIELSEN ([2], Gleichung [6, 8]) hervorgeht. Man sieht, daß die Dämpfung der Retrogression besonders in höheren geographischen Breiten wirksam sein kann.

Literatur

1. WOLFF, P. M.: The Error in Numerical Forecasts due to Retrogression of Ultra-long Waves. Monthly Weather Rev. **86**, 245 (1958).
2. WIIN-NIELSEN, A.: On Barotropic and Baroclinic Models, with Special Emphasis on Ultra-long Waves. Monthly Weather Rev. **87**, 171 (1959).
3. WIIN-NIELSEN, A.: A Preliminary Study of the Dynamics of Transient, Planetary Waves in the Atmosphere. Tellus **13**, 320 (1961).

Anschrift des Verfassers: Dr. VOJTĚCH VÍTEK, Tschechoslowakische Akademie der Wissenschaften, Institut für Physik der Atmosphäre, Bočni II, 1401, Praha 4, Czechoslovakia.

551.509.33

(Environmental Science Services Administration, Weather Bureau, Washington D. C., U. S. A.)

Aspects of Long-range Forecasting

By

Jerome Namias

With 17 Figures

Summary. The history of long-range forecasting over the past century is traced in this lecture through the work of innovators of synoptic, statistical, and physical approaches. The development of scientific methods appears to have been initiated by the researches of TEISSERENC DE BORT, who, by averaging sea-level pressure fields over intervals of a month or so, brought to light the "centers of action" and in addition, related prevailing weather conditions over long periods to their strength and position. Spurred on by the undeniable relationships found by DE BORT, research workers the world over attempted to develop regional weather types and predict their occurrence. These methods employed to predict were generally devoid of physical reasoning and thus after several fruitless decades led to an era of disillusionment which still dampens the enthusiasm of the meteorological community for long-range forecasting.

New light was cast on the centers of action beginning in the 1930's with the work of several groups, especially that under the direction and stimulus of C. G. ROSSBY in the U. S. A. These advances stemmed from the discovery of a new class of largescale and slow-evolving systems in the mid-troposphere (planetary waves) and from the concept of vorticity conservation. This concept provided for the first time a physical rationale for teleconnections and extended forecasting, and ultimately led to the development of short-range (up to a few days) numerical prediction models.

Current long-range forecasting seems to focus on influences external to the atmosphere, particularly feed-back phenomena associated with abnormal boundary influences imposed by oceanic surface temperatures and snow or ice cover, and to focus less sharply on irregular solar influences on the atmosphere. Empirical and synoptic studies carried on with new sophisticated techniques and computing machines are also being developed. The goal now within sight is the development of numerical models for long-range forecasting — statistical and physical, as well as a combination of both. It remains to be seen whether iterative schemes will succeed or whether ensemble approaches using time-averaged states with the help of statistical and largely thermodynamical methods will render the desired objectivity along with increased reliability in predictions.

Zusammenfassung. Die Arbeiten auf dem Gebiet der Langfristprognose während der letzten hundert Jahre benutzten im wesentlichen synoptische, statistische oder physikalische Methoden. Die Entwicklung von wissenschaftlichen Methoden der Langfristprognose ging von der Erkenntnis Teisserenc de Borts aus, daß sich in der mittleren Druckverteilung, bezogen auf das Meeresniveau, etwa über einen Monat „Aktionszentren" finden und in Verbindung damit ein bestimmter Witterungscharakter sowohl hinsichtlich der geographischen Lage als auch der Intensität über längere Perioden vorherrscht. Diese offenkundigen Zusammenhänge veranlaßten viele Forscher, regionale Wetterlagenklassifikationen zu entwickeln und die betreffende Wetterlage vorherzusagen. Diese Methode, die nicht auf physikalischen Grundlagen beruht, zeitigte aber nicht den gewünschten Erfolg und führte zu einer Dämpfung des meteorologischen Enthusiasmus hinsichtlich der Langfristprognose.

Neue Erkenntnisse über Aktionszentren wurden in den dreißiger Jahren von verschiedenen Arbeitsgruppen, insbesondere von einer Gruppe unter der Leitung von C. G. Rossby in den USA gewonnen. Der Fortschritt beruhte auf der Entdeckung einer neuen Art von großräumigen quasistationären Drucksystemen in der mittleren Troposphäre (planetarisches Wellensystem oder Rossby-Wellen). Die Ausbildung eines solchen Wellensystems beruht auf dem Konzept der Erhaltung der absoluten Wirbelgröße. Diese Erkenntnis, die auf physikalischen Prinzipien beruht, hat sowohl die langfristige Prognosenmethode als auch die kurzfristige (Entwicklung von numerischen Modellen) befruchtet.

Die gegenwärtige Forschung auf dem Gebiete der Langfristprognose konzentriert sich auf Einflüsse, die von Effekten außerhalb der Atmosphäre herrühren, und auf Rückkoppelungseffekte, die mit abnormalen Randbedingungen verbunden sind, hervorgerufen durch die Oberflächentemperatur der Ozeane bzw. durch mit Eis oder Schnee bedeckte Gebiete. Ferner ist der nicht allzu deutliche irreguläre solare Einfluß auf die Atmosphäre zu berücksichtigen. Mit der Verwendung von Elektronenrechenmaschinen in der Meteorologie ist es nun Ziel der Langfristmethode, numerische Modelle zu entwickeln, die entweder auf physikalischen Prinzipien, auf statistischen Prinzipien oder auf Kombinationen von beiden beruhen. Es bleibt die Frage zu klären, ob man nach einer iterativen Methode (Erstellung der Vorhersage durch Fortschritt von einem Zeitpunkt zum anderen) vorgehen oder ob man sich auf zeitlich gemittelte Vorhersagewerte konzentrieren soll, die aufgrund statistischer und thermodynamischer Methoden erstellt werden.

Résumé. Les travaux effectués au cours de ces cent dernières années dans le domaine des prévisions à longue échéance utilisent principalement des méthodes synoptiques, statistiques ou physiques. Le développement de méthodes scientifiques pour la prévision à longue échéance est parti de la découverte par Teisserenc de Bort que la répartition moyenne des pressions calculée sur un mois environ et réduite au niveau de la mer présente certains "centres d'action". Ces derniers déterminent certains caractères du temps durant d'assez longues périodes et cela aussi bien quant à leur diffusion géographique qu'à leur intensité. Ces relations patentes ont incité maints chercheurs à établir une classification régionale des situations météorologiques et à prévoir le développement de ces situations. Cette méthode qui ne se fonde pas sur des principes physiques n'a pas conduit au succès escompté et a refroidi l'enthousiasme constaté précédemment dans les milieux météorologiques pour les prévisions à longue échéance.

Au cours des années trente, plusieurs groupes de travail, en particulier celui dirigé aux Etats-Unis par C. G. Rossby, firent de nouvelles découvertes en relation avec les dits centres d'action. Ce progrès se base sur la découverte d'un nouveau genre de systèmes de pressions quasi-stationnaires et s'étendant sur de très grands espaces. Ces systèmes sont situés dans la troposphère moyenne (systèmes d'ondes planétaires ou ondes de ROSSBY). Le développement d'un tel système ondulatoire est basé sur le principe de la conservation de l'énergie tourbillonnaire absolue. Cette découverte qui se base, elle, sur des principes physiques a porté ses fruits tant dans le domaine des prévisions à longue échéance que dans celui de la prévision à court terme (préparation de modèles numériques).

Actuellement, les recherches dans le domaine de la prévision à longue échéance se concentrent sur l'étude des influences de phénomènes extra-atmosphériques, des effets de chocs en retour liés à des situations de bords anormales produites par la température de surface des océans, respectivement des zones recouvertes de neige ou de glace. Il faut en outre tenir compte de l'influence exercée sur l'atmosphère par les fluctuations irrégulières et encore peu connues de l'activité solaire. L'utilisation de machines mécanographiques électroniques en météorologie impose l'établissement de modèles atmosphériques numériques pour le calcul de prévisions à longue échéance. Ces modèles découleront de principes physiques ou statistiques, voire de la combinaison des deux. La question reste ouverte de savoir si l'on veut utiliser une méthode itérative (établissement d'une prévision découlant de la progression d'un moment donné vers un autre) ou si l'on ne devrait pas se concentrer sur l'établissement de chiffres moyens couvrant une certaine période, ceux-ci étant calculés à partir de méthodes statistiques et thermodynamiques.

I. Introduction

The solution of the problem of long-range forecasting has eluded generations of meteorologists. Although numerous attacks have proceded in many countries around the world, there is no universally adopted methodology, and at first glance various methods appear to be entirely unrelated. However, this state of affairs is more apparent than real, since the correlation of different meteorological elements in time and space frequently makes possible the discovery of lag relationships in a variety of ways. Because of this circumstance, the present paper will stress the approach with which the author is most familiar, namely that used in the United States Weather Bureau, for it employs synoptic, statistical, and physical techniques and, indeed, contains implicitly many of the considerations used in long-range forecasting elsewhere.

This report, then, consists of a brief description of: (1) the historical highlights of long-range forecasting over the past hundred years; (2) the nature of climatic fluctuations of the order of months and seasons with which the long-range forecaster must be concerned; (3) the synoptic, statistical, and physical methods presently employed at the U. S. Weather Bureau; and (4) the current status of long-range forecasting and avenues most likely to lead to future improvements.

II. History of Long-range Forecasting Attempts

Table 1 indicates the names of some outstanding people who devoted significant effort to long-range forecasting and who were innovators of the methods enumerated in the top row. The vertical time scale refers to the period when the innovator *began* his activities in the field. In most cases, his work continued for several years or decades. The author apologizes in advance for any incompleteness or bias in this historical account.

In the first three columns are represented some of the primary researches which have formed the basis for modern scientific long-range forecasting. The birth of the subject can perhaps be traced to the work of Teisserenc de Bort, for it was he who first pointed out the existence of macroscale pressure patterns which he called the centers of action — a term which is still appropriate. With the help of maps covering North America, the Atlantic, and Eurasia, Teisserenc de Bort not only illustrated the centers of action but also pointed out their association with prevailing weather conditions. This work was performed around 1880, during a period when meteorologists were concentrating on the tracking of individual cyclones and anticyclones, and must therefore be considered most outstanding. Later a number of investigators including H. H. Clayton, Abercromby, and Hildebrandsson began to develop weather types, so that the climatological statistics for periods of a month or so took on new meaning. It soon became evident that the weather abnormalities of a given period were linked to the positions and configurations of the centers of action and that it would be necessary to forecast these positions and configurations in order to predict the prevailing weather.

Since no one had advanced a satisfactory physical theory for the generation and maintenance of abnormal positions of the centers of action, it was natural to try statistical prediction techniques. Thus, in addition to the people listed above, Blanford, the Lockyers, Walker, Braak and many others entered into a search for simultaneous and lag relationships. The most striking results were the simultaneous correlations between sea-level pressures in different parts of the world. Thus Walker's North Atlantic, North Pacific, and Southern Oscillations, and Defant's and Exner's further work on North Atlantic pressure distribution and zonal indices became common knowledge to the world meteorological community. However exciting these studies of simultaneous correlation were, they did not provide the key to prediction of the position and orientation of the centers of action over periods of a month or more.

Table1 . *Innovators of long-range forecasting procedure according to period when their work began. Numbers refer to references found at end of paper*

Period	Centers of Action and Weather Typing	Correlations and Regressions	Tele-connections	Analogues	Cycles & Harmonics	Singularities & Symmetry Points	Key Periods	Cosmic Influences	Kinematics & Synoptics	Feed-Back Studies or Surface Influences	Thermodynamic & Dynamic Numerical Models
					Howard 26 (1842)	Buchan 34 (1867)	Old Sayings like St. Swithin's			Blanford 10	
1880	Teisserenc de Bort 1 Clayton 2 Abercromby 3	Blanford 10			Brückner 66						J. J. Thomson 58
1890	Hildebrandsson 4									Hildebrandsson 4 Meinardus 48	
1900		Lockyers 11 Walker 12 Braak 13	Walker 12					Walker 40		Schott 49 Petersen 50	
1910								Clayton 41 Baur 42	Arctowski 46	Helland-Hansen & Nansen 51 C. F. Brooks 52 C. E. P. Brooks 53	
1920	Multanovsky 5 Baur 6	Groissmayr 14 Baur 15	Defant 19 Exner 20	C. E. P. Brooks 22 Mascart 23	Alter 27 Petitjean 28	Weickmann 35 Schmauss 36			Clayton 2 C. E. P. Brooks 45	Weise 54	
1930	Bjerknes 7 Rossby 8		Rossby 8		Berlage 29 Abbot 30		Baur 39	Abbot 43	Baur 6 Rodewald 47	Sandström 55	
1940	Namias 9	Wadsworth 16	Martin 21		Haurwitz 31	C. E. P. Brooks 37		Willett 24	Namias 9		Rossby 8 Stewart 59
1950		Klein 17 Gilman 18		Willett 24 Craddock 25	Takahashi 32	Grappe 38			Craddock 25	Namias 56	Phillips 60 Blinova 61 Smagorinsky 62 Mintz 63
1960					Van Mieghem 33			Brier & Bradley 44		Bjerknes 57	Charney 64 Adem 65
1970											

Around 1920, however, some fresh ideas were introduced, clarifying the characteristics of the centers of action and relating them to the interacting synoptic-scale features of weather maps — cyclones and anticyclones. Among the pioneers in this period of discovery were MULTANOVSKY, who developed the concept of the "natural period", and BAUR, who introduced the term "Großwetterlagen". During the "natural period" a series of cyclones, and a series of anticyclones, would trace paths within areally restricted envelopes. MULTANOVSKY also introduced the term "synoptic season", during which the natural periods would be more or less constant in length. The natural period might be as little as 5 days in one "synoptic season" and as much as ten in another. BAUR went a step further and statistically proved the reality of larger-scale meteorological systems which steer the cyclones and anticyclones in preferred directions. BAUR's concept of steering forms the cornerstone of much of the practice of modern-day synoptic forecasting, although electronic computers have made possible new methods of determining steering through the concept of vorticity redistribution. MULTANOVSKY and BAUR and their followers set up exhaustive catalogues of circulation and weather types useful in long-range prediction.

The next major discovery having long-range forecasting implications came with the work in 1935—40 of ROSSBY and his colleagues (of whom the author was one). Working with synopticians and holding frequent discussions based on the first airmass and frontally-analyzed hemispheric charts, ROSSBY formulated a theory for the behavior of the centers of action. This work immediately cast considerable light on the teleconnections determined statistically by earlier workers, and in addition developed an objective procedure for predicting the positions of the centers of action through the concept of the vorticity redistribution associated with long waves in the westerlies and the zonal westerly index. Large-scale planetary wave systems and their motions had already been identified and discussed by J. BJERKNES in 1937, so that he, too, should be considered a pioneer in long-range forecasting, even though modesty would probably not permit him to accept this accolade. Subsequent to the work of ROSSBY and collaborators, an operational Extended Forecast Unit was set up under my direction in the U. S. Weather Bureau where we tried to extend ROSSBY's ideas. Our work was greatly assisted by the expansion of the network of upper-air observations over most of the Northern Hemisphere and by strong government support during the war years. In addition to developing many new climatological aids for purposes of long-range forecasting (including mean maps, frequency distributions of singular features, etc.) we also treated problems of a time scale longer than the 5 days to a week with which ROSSBY's group had worked. It is our work on these problems that I shall focus on in subsequent portions of this paper.

Let me proceed now to some remarks on the remaining columns of Table 1. The procedure of selecting analogues as forecast aids has probably attracted meteorologists since the time when a few years' file of weather maps first became available. Analogue methods have been used in long-range as well as in short-range forecasting. C. E. P. BROOKS and MASCART were active in this sort of work during the 1920's. More recently WILLETT and CRADDOCK have devoted a good deal of attention to it. Whereas BROOKS and MASCART dealt largely with sea-level pressure distributions, CRADDOCK and the British consider a long series of temperature maps as well. WILLETT, like the Russian and Japanese investigators, includes the phase of the sunspot cycle along with meteorological parameters in selecting analogues. The analogue method has the appeal of representing real events in the past and, in a sense, constitutes an "easy solution" to a difficult problem. Unfortunately, the use of analogues for purposes of long-range forecasting is greatly restricted by the lack of a sufficiently long series of charts and data. It follows that closely parallel monthly mean conditions over large areas are difficult if not impossible to find. Nevertheless, increasing masses of data and fast sorting provided by electronic computers keep alive the search for improvement in long-range forecasting through analogue techniques.

The next three columns enclosed by the heavy vertical lines represent procedures which today receive little attention from long-range forecasters. The first of these, the use of cycles, has suffered many blows, the latest and perhaps most devastating being power spectrum analysis. Power spectra fail to show significant cyclical phenomena in the troposphere other than the diurnal and annual cycles. Therefore the application of harmonic analysis in space and time has not been especially fruitful for prediction. It appears to be better suited to diagnosis and description.

The next column, Singularities and Symmetry Points, identifies a number of fascinating possibilities for long-range prediction which have not, however, materialized. Unfortunately, singularities shift in time and character sufficiently to destroy their practical usefulness. Similarly, while symmetry points are occasionally observed in meteorological time series, no method has been developed to determine when symmetry will arise.

The concept of Key Periods (next column) implies that the dominant character of the weather of a forthcoming season is indicated by the character of some shorter period in the preceding season-perhaps a pentad. Although there seems to be some statistical justification for this procedure, the results, like those from singularities, leave so much to be desired that one is justified in questioning its practicality.

The last four columns deal with subjects currently receiving a great deal of attention in long-range forecasting research as indicated in WMO Technical Note No. 66. Cosmic influences are believed by many to be fundamental causes of abnormalities in terrestrial weather and climate. Most investigators of these lines have striven to show that irregular variations of solar activity are important factors. Only a few of the many present-day researchers have been listed, the principal ones being BAUR and WILLETT. The pioneering work of CLAYTON and WALKER should receive mention. Since some workers utilize the phase of the sun-spot cycle (or some associated solar index) in addition to meteorological parameters (e. g., in analogue selection), it is not possible to separate the portion of forecast success due to the solar input from that due to terrestrial considerations. The entire subject of solar weather relationships remains, as it has for decades, controversial. Perhaps new solar observations from satellites will permit more definitive studies. I prefer to leave this complex subject out of my discussion, for there are other people here more competent to speak about it.

The studies cited in the next column treat the motion and behavior of macroscale systems with the help of synoptic mean charts and kinematics. The long-period continuity which often shows up in anomalies of the centers of action (that is, in movements of centers of maximum deviation from normal) was pointed out in the 1920's by H. H. CLAYTON, C. E. P. BROOKS, H. ARCTOWSKI; in the 1930's by F. BAUR and M. RODEWALD; and by myself in the 1940's.

Because of the availability of more extensive data and highspeed computing methods, kinematic and synoptic methods have recently been developed much further than ever before. Kinematics may now include (implicitly) the net influence of seasonal change associated with the changing radiation balance, as I shall illustrate later on.

The next column, Feed-Back Studies or Surface Influences, refers to work on topics which have recently come into prominence for long-range forecasting. Strangely enough, these topics were investigated intensively around the turn of the century by such people as

Blanford, Hildebrandsson, Meinardus, Schott, Petersen, Helland-Hansen and Nansen, C. F. Brooks, C. E. P. Brooks, Weise, and Sandström. Here again fresh and extensive data, high-speed computing, and a better knowledge of the general circulation have led to a revival of interest. Some newer ideas will be discussed later.

The final column, Thermodynamic and Dynamic Numerical Models, is presently more of an expression of hope than a realization of a practical methodology. Obviously, until long-range forecasting can be developed to a numerical procedure, it will remain in an unsatisfactory state. In this column I have included the work of Rossby, Phillips, Smagorinsky, Mintz, Charney, Blinova, and Adem. Also to be considered are the many meteorologists who have dealt with the problem of the general circulation of the atmosphere. While these studies are leading to a good understanding of the mechanics of the general circulation and the determinants of climate, this will not automatically provide a solution for long-range forecasting, a prediction problem of higher order of complexity.

III. Some Statistical Aspects of the Long-range Forecasting Problem

It has long been recognized that a great deal of coherence exists in meteorological data, not only in space but in time as well. The coherence in time is associated not only with the day-to-day autocorrelation found in continuous meteorological elements but also with persistent recurrence of circulation patterns and associated weather events over time intervals from a few days to a week on upward. Thus the standard deviations of monthly means are surprisingly high, and long-period spells or regimes often characterize seasons or years. Such coherence may be looked upon as the statistical manifestation of climatic fluctuations with which the long-range forecaster is concerned.

The coherence of circulation and weather patterns in *space* has been well known, at least qualitatively, from early work on the centers of action. More recently this problem has been attacked with the help of advanced statistics. Among the more illuminating of these researches has been the work of Gilman with empirical orthogonal functions. Gilman found out how many functions were required to reconstruct temperature and precipitation anomaly patterns (see Fig. 1). He found that three such functions could reproduce the pattern of monthly mean temperature anomaly over the U. S. so that 81 % of the variance was accounted for, as may be seen from Fig. 1. Twenty functions accounted for practically all the variance. On the other hand, precipitation required 20 functions to account for an 80 % reduction in variance. From Fig. 1 it is therefore clear that precipitation forecasting for monthly periods is much more difficult

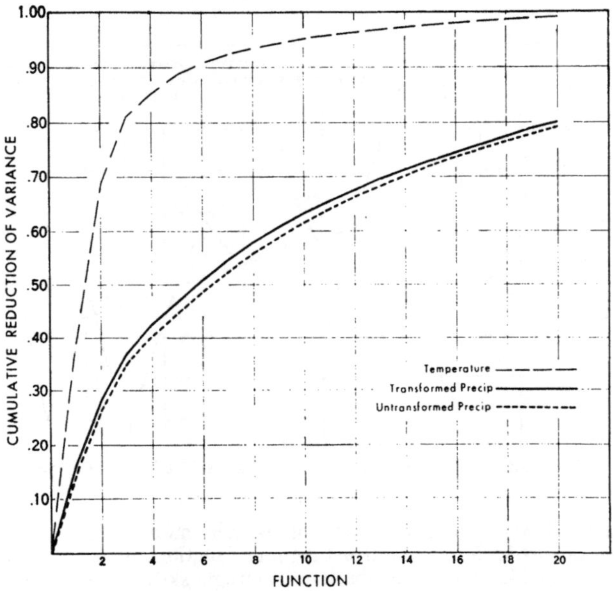

Fig. 1. Reconstruction of monthly temperature and precipitation over the U. S. by empirical orthogonal functions. Number of functions on the abscissa: cumulative explained variance on the ordinate. Winter months, 1899—1939; 30 temperature stations, 64 precipitation stations

"Transformed" precipitation $p = \sqrt{x} + \sqrt{x+1}$ where x = untransformed precipitation in inches (after GILMAN)

than temperature forecasting. A qualitative way of stating these results is that the space scale of precipitation patterns is often rather small compared to the space scale of temperature patterns.

Another question relating to the nature of long-range forecasting involves the frustrating characteristic that procedures developed during one decade or score of years may not hold up in succeeding periods. This dilemma came to light with shocking effect in the classic failure of predictions of the Asiatic Monsoon begun around 1910 by WALKER. Another example is strikingly illustrated in Fig. 2, taken from the work of GILMAN. Using sea-level pressure, temperature, and precipitation data from the years 1899 to 1939 he devised a linear regression method for predicting temperature and precipitation from the empirical orthogonal functions of pressure. He purposely left the post-war period from 1948 to 1961 free for testing equations derived from the earlier years. As will be seen from Fig. 2

the predictions started out to be reasonably successful — that is, with positive skill scores. However, a rapid decline soon set in so that by the late 1950's all the skill had vanished. While it is difficult to interpret these results, they suggest that there is some funda-

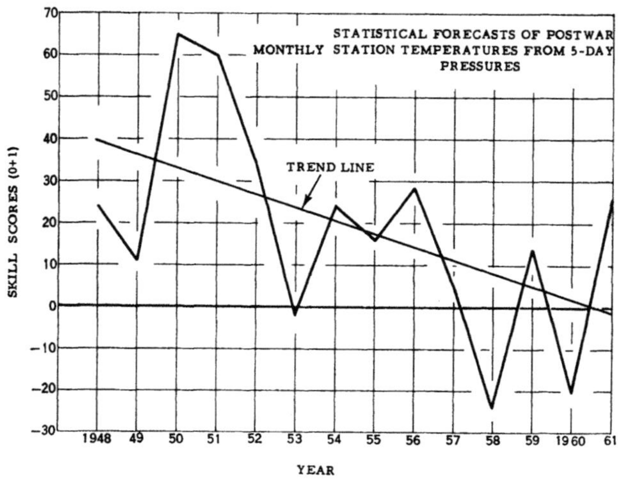

Fig. 2. Statistical regression forecasts of winter monthly temperatures at 30 stations from hemispheric empirical orthogonal functions of 5-day mean pressure. Year (Jan.—Feb.—Mar.) on the abscissa; average skill score (within one class of forecast) on the ordinate. Zero skill means random drawing from the climatological frequency distribution. Trend line fitted by least squares (after GILMAN)

mental missing ingredient not presently incorporated into the prediction system. It is my personal feeling that this ingredient is external to the atmosphere and may be the complex effect of abnormal boundary surfaces associated with variable snow cover and variable ocean temperatures. On the other hand some may argue that such failures are due to the lack of consideration of extraterrestrial phenomena associated with solar variations. Whatever the answer, it appears that there is at present much room for studies attempting to isolate physical factors which play a role in producing climatic variations of a month or more.

A word should be said here — without attempting a survey — about verification studies, for these studies, by providing assessment of error, not only keep investigators on an even keel, but also offer clues for further investigation. Here again the computer makes possible the easy computation of all sorts of statistics — variances, correlations, root-mean-square errors, etc. In addition, it makes possible the evaluation of forecast probability estimates produced either subjectively or objectively.

IV. The Problems of Specification and Teleconnection Seen in Modern Light

Procedures of typing weather according to the geometry of the pressure pattern, while quite helpful in the past decade, have been superseded by advanced computer techniques. We have already mentioned the use of empirical orthogonal functions. A technique which has shown considerable skill and practical value in extended forecasting is the screening method developed by MILLER and applied judiciously to many elements by KLEIN. The central idea of

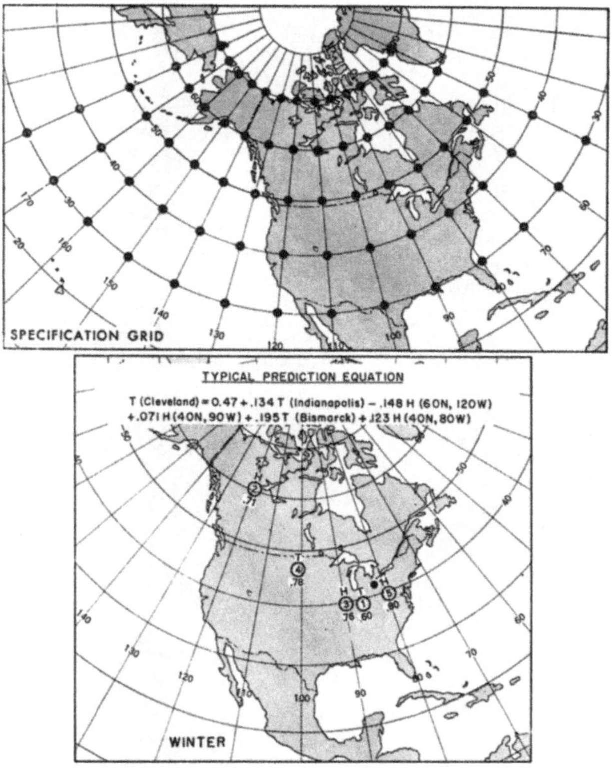

Fig. 3. Upper Network of 70 grid points used to delineate the field of 700 mb heights used in devising specification equations

Lower: Multiple regression equation used in predicting 5-day mean temperature at Cleveland, Ohio (located by heavy solid dot) during the winter, as a function of 5-day mean 700 mb height centered 2 days later (H) and five-day mean surface temperature centered on forecast day (T) at points given in parentheses. The location of the predictors is given by the open circles, the order of selection by the number inside the circle, the type of variable by the letter above the circle, and the multiple correlation coefficient after inclusion of the given predictor by the decimal below the circle (after KLEIN) the method is represented in Fig. 3, wherein 5-day mean temperature anomalies for a given city (Cleveland, Ohio) in 10 winters are related to the 700 mb heights at the various grid points given in the upper part of the figure. Machine computation "screens" for the point of highest correlation, then removes the effects of this correlation, finds the highest remaining correlation, and so on. The final

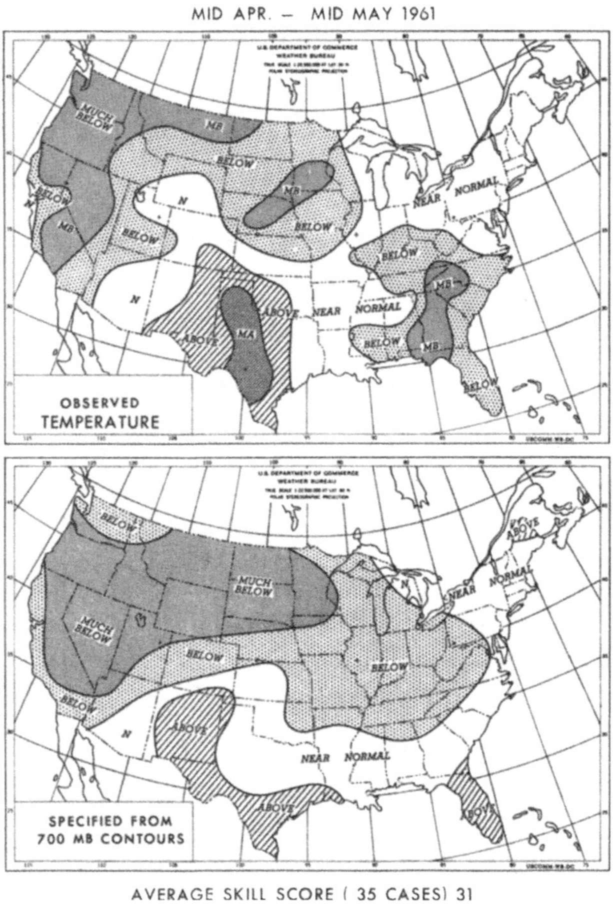

Fig. 4. Specified and observed departures from normal of mean surface temperature for the 30-day period from mid-April to mid-May 1961. Analysis is in terms of the five temperature classes customarily used in the U. S. Weather Bureau

product is a multiple regression equation expressing the temperature departure from normal at Cleveland in winter as a function of other points as indicated by the formula in the figure. For the U. S. this is done for some 40 points for each season. A typical example of a specification by this procedure is shown in Fig. 4. KLEIN has also applied the screening technique to the specification of precipitation patterns (example in Fig. 5) and has arrived at usable results. Specification skill scores[1] obtainable for monthly-mean temperatures over the U. S. show averages of 31 for temperature and 21 for precipitation. While these results are far from perfect, it must be remembered that only the 700 mb mean monthly pattern is used to specify the temperature. KLEIN also employed screening to specify sea-level pressure patterns associated with 700 mb mean patterns. An example is shown in Fig. 6. The explained variance for such a procedure when applied to monthly charts comes to 68 %.

These specification procedures are applied routinely to prognostic monthly mean contours and offer a first approximation of the sea-level temperature, pressure, and precipitation patterns.

The errors in the specification of the past month's temperature from observed contour heights often afford clues as to abnormal boundary effects like variable snow cover.

It is clear from work carried on thus far that specification is much easier than prediction, and that an important cause of poor forecasts is inability to predict the mean circulation at one or more levels.

We shall now make a few remarks about spatial interdependence. The discovery of teleconnections, many of which were found by Sir GILBERT WALKER, has also been greatly facilitated by high-speed computers. Using hand methods, MARTIN outlined an attack on this problem utilizing centers of positive or negative 700 mb anomaly and finding out the probability of sign of anomalies in adjacent and remote areas. His work has been extended by O'CONNOR, who used a finer grid of points (10^0 apart) over most of the Northern Hemisphere, capitalized on a much larger data sample, and used electronic computers. Fig. 7 shows the influence of an Icelandic positive or negative mid-tropospheric height anomaly on the circulation else-

[1] A skill score is a percentage measured on the scale from chance expectation (defined as zero) to perfection (defined as 100). That is, skill equals percent correct minus percent expected correct by chance, divided by 100 minus percent expected correct by chance. The chance expectation is calculated on the model of a random drawing from a frequency distribution, usually the climatological one — as in this case.

Monthly temperatures are here classified in five categories whose climatological frequencies are .125, .250, .250, .250, and .125; monthly precipitation in three categories of climatological frequency .333 each. Seasonal temperature and precipitation are also classified in three equally-likely categories.

where, particularly in Europe, over the Atlantic, and over Eeastern North America. These lines of equal probability of sign may be interpreted as isopleths of anomaly. Charts such as Fig. 7 have been printed out for all areas north of 20⁰ in the Northern Hemisphere and are quite useful in long-range forecasting. Obviously, it is first

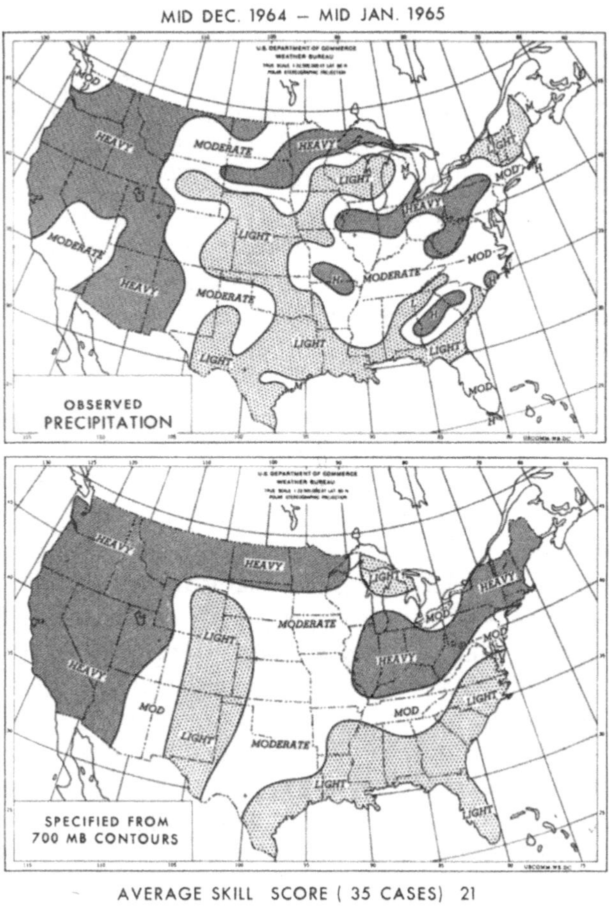

Fig. 5. Specified and observed monthly precipitation for the 30-day period from mid-December 1964 to mid-January 1965. Analysis is in terms of three equally probable precipitation classes

necessary to select those anomalies in which the forecaster has high confidence before using these as foundations for constructing the edifice of the complete contour pattern.

We stress that specification or the use of teleconnections is of limited value unless more is known about the *evolution* of the general circulation over the period for which the forecast is desired. Some examples given below illustrate characteristic evolutions and methods used to predict them.

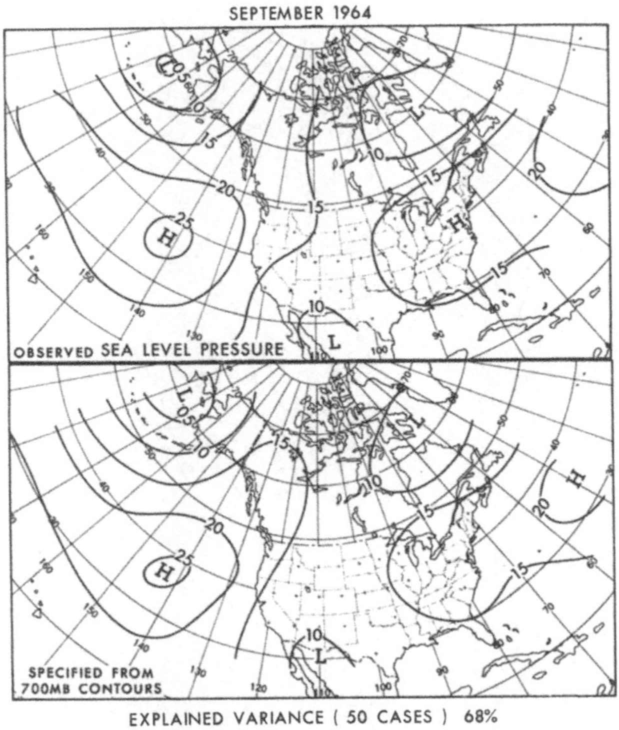

Fig. 6. Specified and observed monthly mean sea-level pressure (mb) for September 1964

V. Synoptic-statistical-physical Method of Long-range Forecasting

In order to arrive at a prediction of the general circulation for a month ahead, we in the U. S. Weather Bureau employ numerous tools which have their bases in synoptics, statistics, and large-scale physics. Naturally, these tools are presently weighted on the synoptic and statistical side because of the poor state of knowledge of atmospheric physics. However, the synoptic and statistical tools are never used blindly, but are always evaluated against the background of physical insight. We believe that such a combination of methods can yield the most successful results. Rather than discuss these methods in detail, I shall illustrate them by describing certain synoptic sequences in which the large-scale features on monthly mean charts

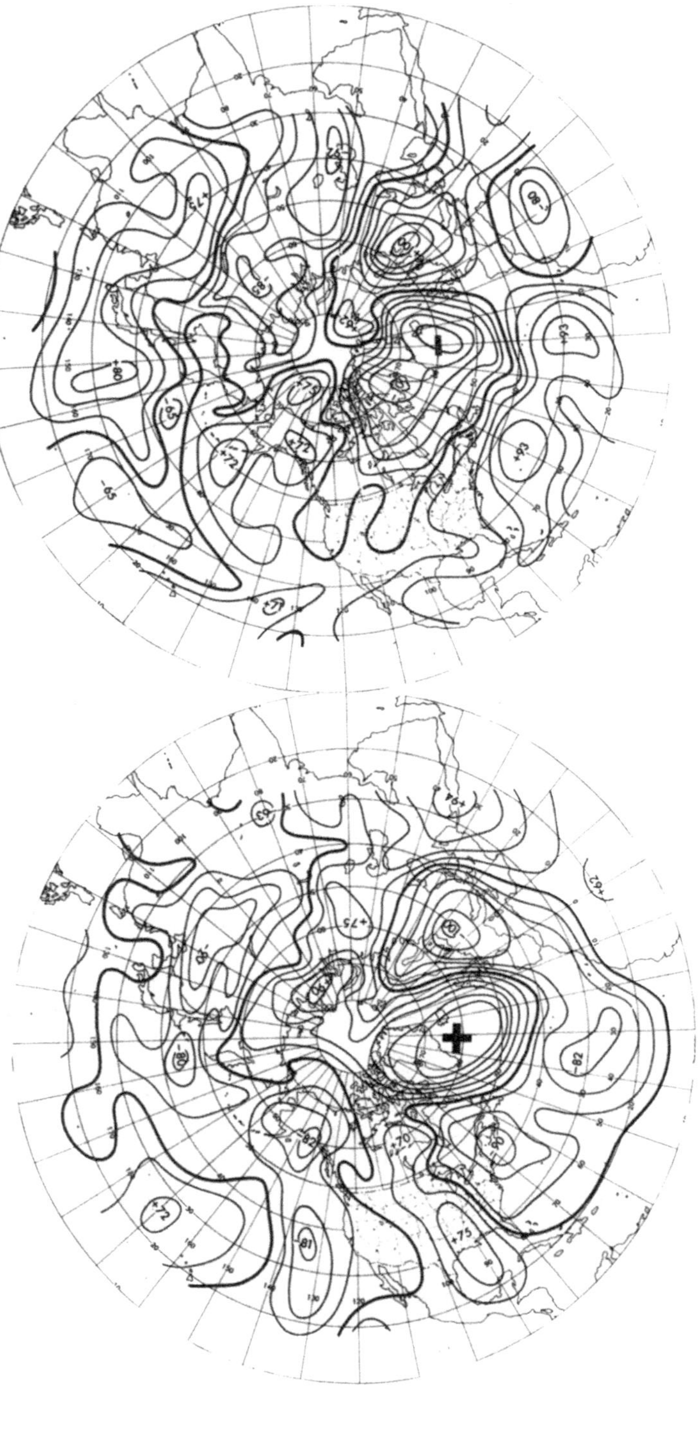

Fig. 7. Probability, in percent, of sign of 5-day mean 700 mb height departures from normal for all Winter periods from 1947 to 1963 with *positive* centers (16) at 60° N 30° W on left chart, and *negative* centers (14) at 60° N 30° W on right chart. Heavy line is 50 % probability, and interval is 10 %

appear to have an evolution that could to some extent be anticipated using our methods. The description which follows should strike a sympathetic chord in those who have used other methods of long-range forecasting, because there are many ingredients in common.

The first sequence of charts in Fig. 8 (seasonal means) shows the apparently regular eastward displacement of a trough with negative anomaly from the West-Central Pacific in summer 1957 to the West Coast of the United States in the spring of 1958. Although this regularity of motion could conceivably be the result of chance, there are reasons for considering it to have a particular explanation.

The steady eastward progression of the trough may have been associated with an anomalous pattern of water temperatures which in turn was created and maintained by anomalous prevailing wind systems and by certain adjustments in the mean planetary wave trains. These adjustments were perhaps made necessary by normal seasonal variations in the position of the Asiatic trough and changes in strength of the zonal westerlies over the Pacific.

In more detail, the essence of the explanation is that the anomalous prevailing winds in the vicinity of the Pacific trough create an anomalous Ekman drift of the surface water, which in turn leads to warmer-than-normal masses east of the trough, and, similarly, colder-than-normal surface water to its west (inferences supported to some extent by observed water temperatures) (see Fig. 9). This sharpened longitudinal temperature contrast is rapidly and frequently imparted to overlying air masses, causing, in the domain of the mean trough, greater baroclinic development of cyclones than otherwise. This enhanced development then provides longevity to the mean trough. The trough's geographical location, however, would be influenced also by neighboring parts of the general circulation, especially the upstream trough over eastern Asia. This latter quasi-stationary feature of the general circulation can be found in almost the same location each winter, so that, with only slight variations in position and intensity, it is a climatological fixture. The almost unending series of cyclones along the front of the Asiatic monsoon draw energy from the contrasting air masses deployed by the Asiatic High and west Pacific anticyclone and, occluding, bring about a marked increase in the Pacific westerlies from summer to autumn to winter — another climatological event with high probability of occurrence. From Fig. 8 it is clear that both phenomena, the anchored Asiatic trough and the accelerated westerlies, were observed as the seasons evolved, and consequently, the locus of mean upper-level trough development in the Pacific moved eastward in phase with the baroclinic effects induced by the anomalous water temperatures.

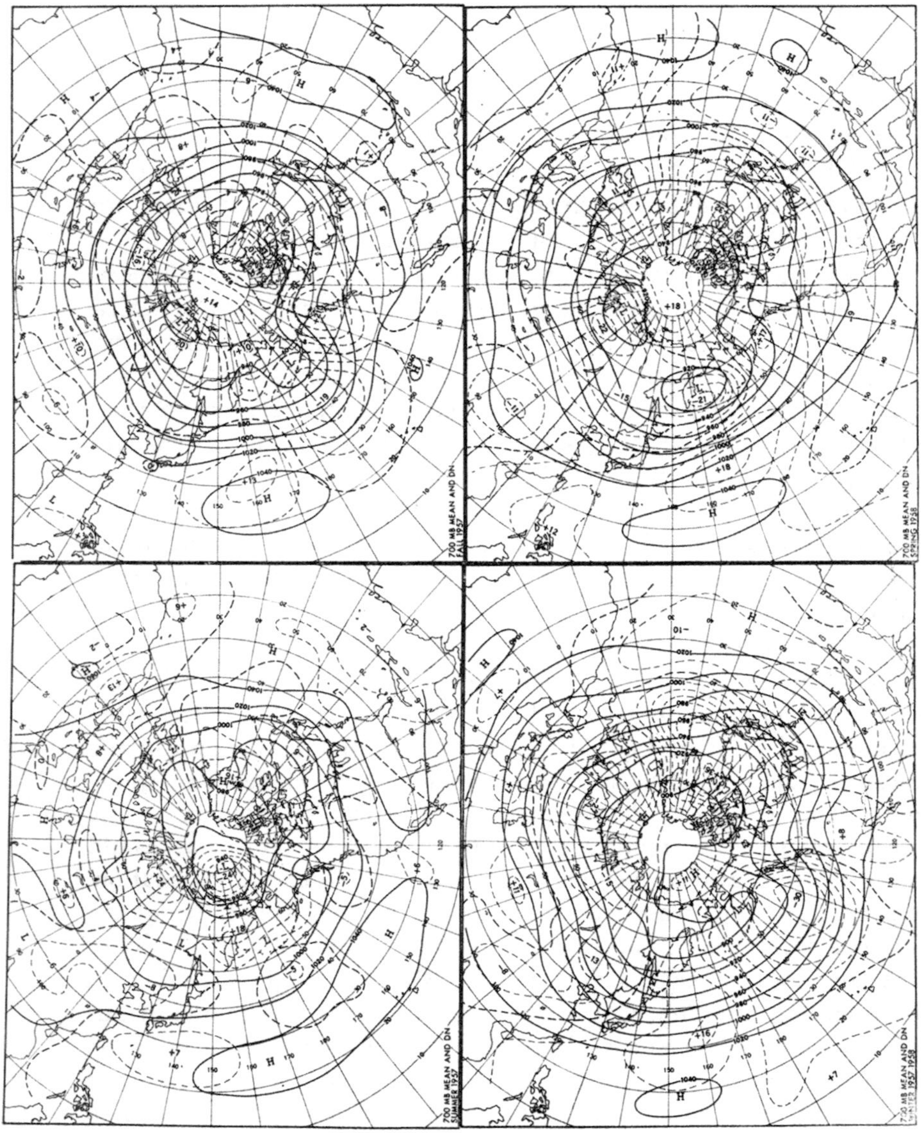

Fig. 8. Seasonal 700 mb mean contours (solid) and isopleths of departure from normal (broken) for Summer 1957 through Spring 1958. Contours are labelled in tens of feet as are also the centers of maximum departure from normal

Thus a continued positive interaction between the two processes was permitted.

A similar series of events was also observed from the autumn of 1959 to the following winter. However, the time required for the eastward transit of the trough across the Pacific was considerably shorter — of the order of a few months rather than seasons.

Perhaps it should be emphasized that this sequence of events does not proceed every year, although it is apparently frequent enough

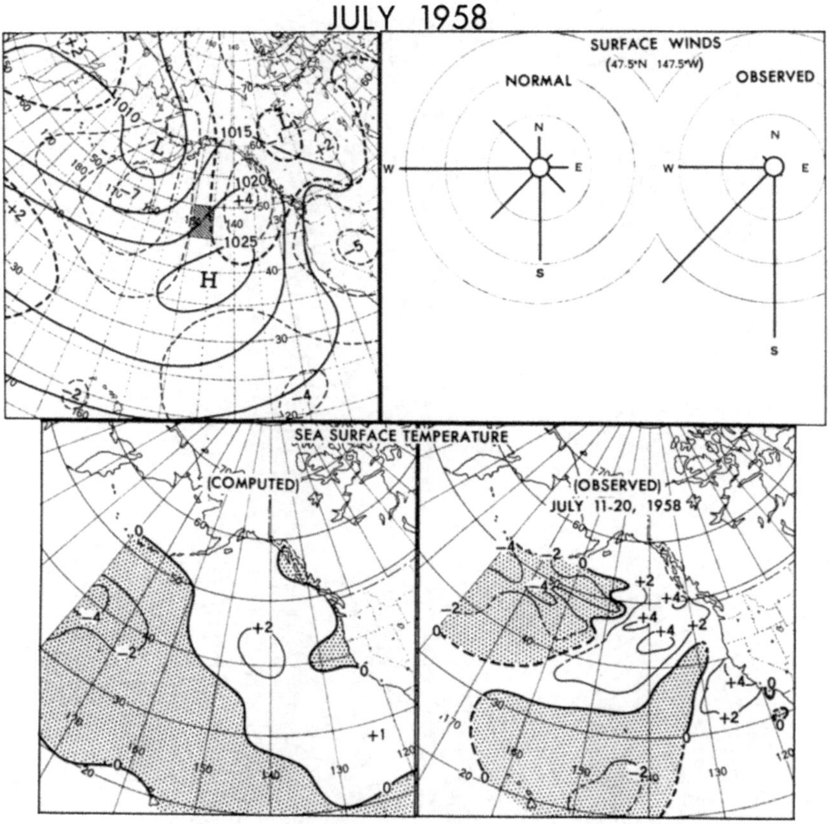

Fig. 9. Upper Left: Sea-level mean isobars (solid) and isopleths of departure from normal (dashed) for July 1958. Isobars and anomaly centers labelled in millibars.

Upper Right: Normal surface wind rose for July and that for July 1958 as computed from surface weather map analyses for the hatched 5° square shown in chart in upper left. Length of bars indicates relative frequency of winds from indicated direction.

Lower Left: Computed sea-surface temperature anomalies using advection in the Ekman layer for July 1958 (°F).

Lower Right: Observed sea-surface temperature anomalies for July 11—20, 1958 (°F)

to influence the appearance of normal monthly upper-air patterns. The initial state of the general circulation as well as the water temperature anomalies may differ from one year to another. For

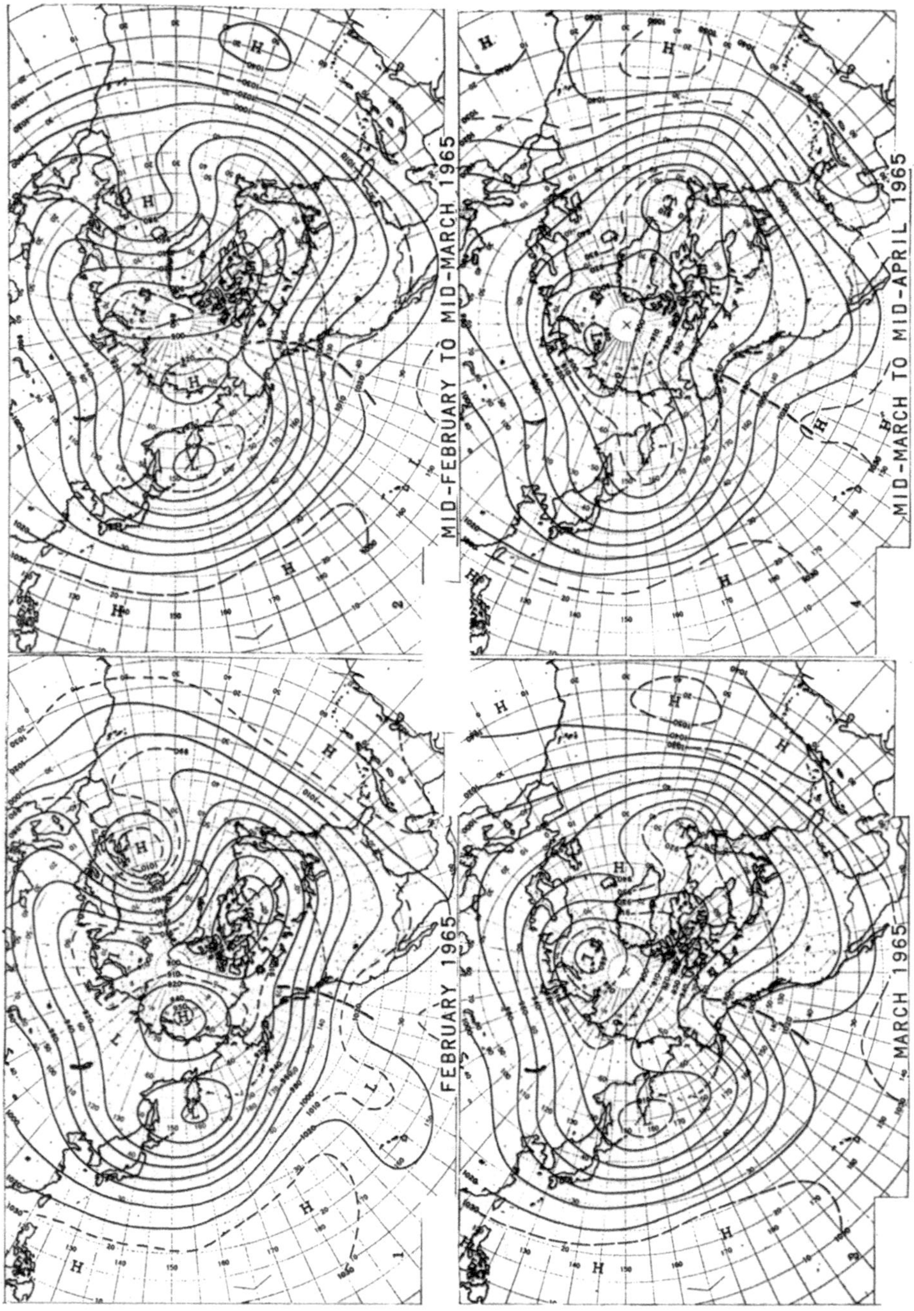
MID-FEBRUARY TO MID-MARCH 1965
MID-MARCH TO MID-APRIL 1965
FEBRUARY 1965
MARCH 1965

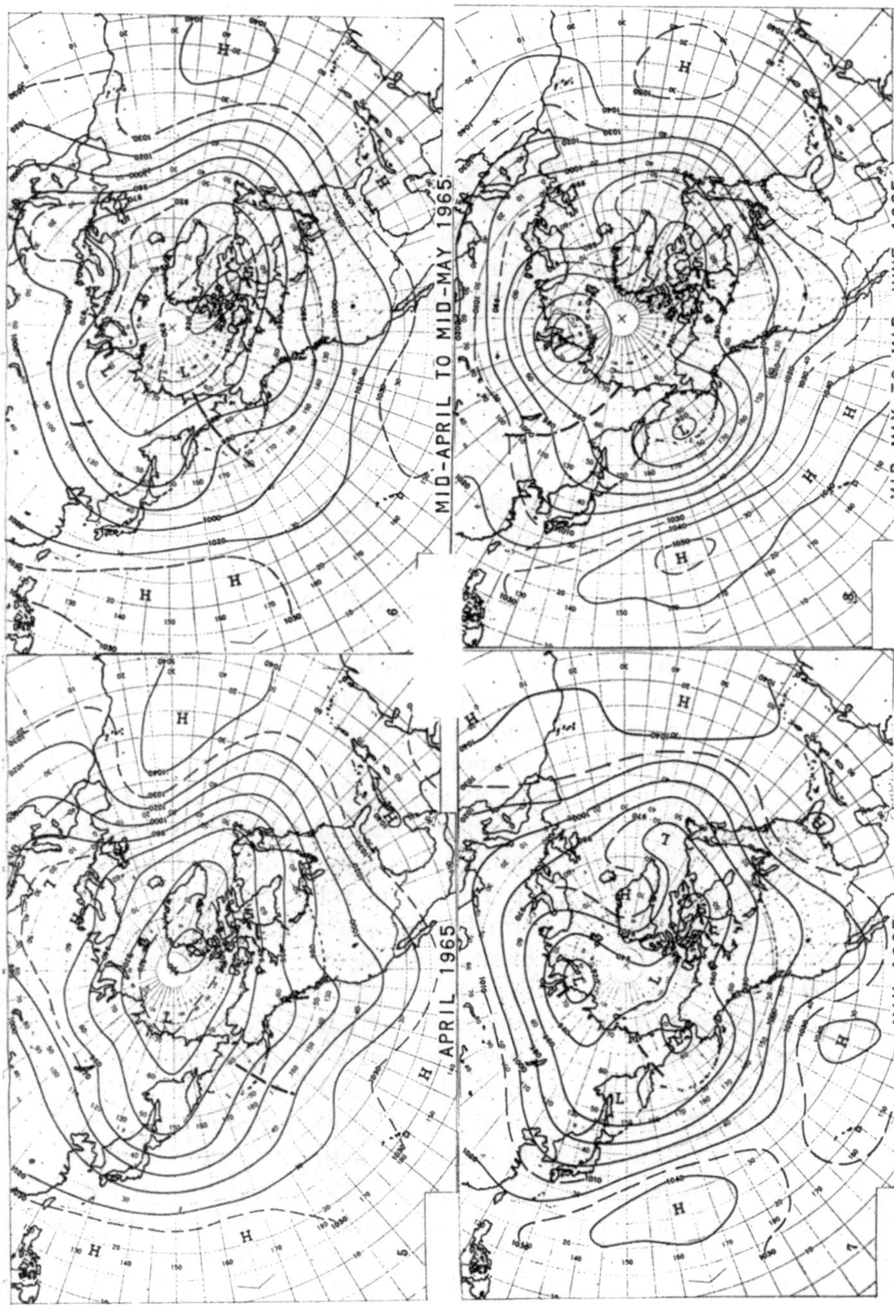

Fig. 10 a, b. 30-day mean 700 mb contours (labelled in tens of feet) for February through period mid-May to mid-June 1965. Heavy broken line indicates retrogressive Pacific ridge example, if a mean trough with negative anomaly and the accompanying water temperature deviations has not existed in the west-central Pacific during the summer and early autumn a different series of mean patterns may follow.

We shall now discuss a striking case of *retrogression* of planetary wave features in monthly mean patterns over the North Pacific from February through May 1965. It is probably not accidental that this case of retrogression occurred between late winter and spring, because in contrast to the earlier situation the zonal index declines and the Asiatic monsoon trough retreats (climatologically probable events). Fig. 10 a and 10 b illustrate the retrogression of a ridge originally off the west coast of North America in February to a position in the Bering Sea by mid-April to mid-May and to northeastern Siberia in mid-May to mid-June. The retrogression of the ridge was partly associated with the climatologically forced retrogression of the Asiatic coastal trough and diminution of the zonal westerlies from winter to spring and the climatologically forced tendency of the Hawaiian trough to disappear. A new trough, generated in the Gulf of Alaska in April, retrograded to the Bering Sea and Aleutians. The generation of such Gulf of Alaska troughs is now known with considerable certainty to be caused by the transport of cold air from the Alaskan Arctic into the Gulf of Alaska. Once a retrograding ridge passes the eastern Aleutians it deploys the cold air southward and rapid diabatic heating of this cold air over the relatively warm Gulf waters promotes intense convection and cyclogenesis. Later on in mid-May to mid-June the unusually strong cyclogenesis of 1965 appears to have been assisted by seasurface temperatures, which were substantially above normal during the spring of 1965 (Fig. 11 upper). The warm water temperatures had been produced mainly by abnormalities in sea-level pressure through an Ekman drift to the right of the anomalous sea-level component of geostrophic wind (Fig. 11 lower).

The prediction of such retrogression, often difficult, was rather well supported this time by kinematic charts. Four of these charts, March through mid-April to mid-May, are shown in Fig. 12. The contours are for 30-day mean observed patterns and centered 10-day tendencies are represented as broken lines with the centers of maximum 10-day change indicated by numbers. The tendencies are computed by subtracting a 30-day mean centered 5 days before the middle month period from a 30-day mean centered 5 days after. The five unknown values are predicted by numerical models (baroclinic to 36 hours and barotropic beyond). Such kinematic charts are especially valuable in assessing the slow evolution of macroscale

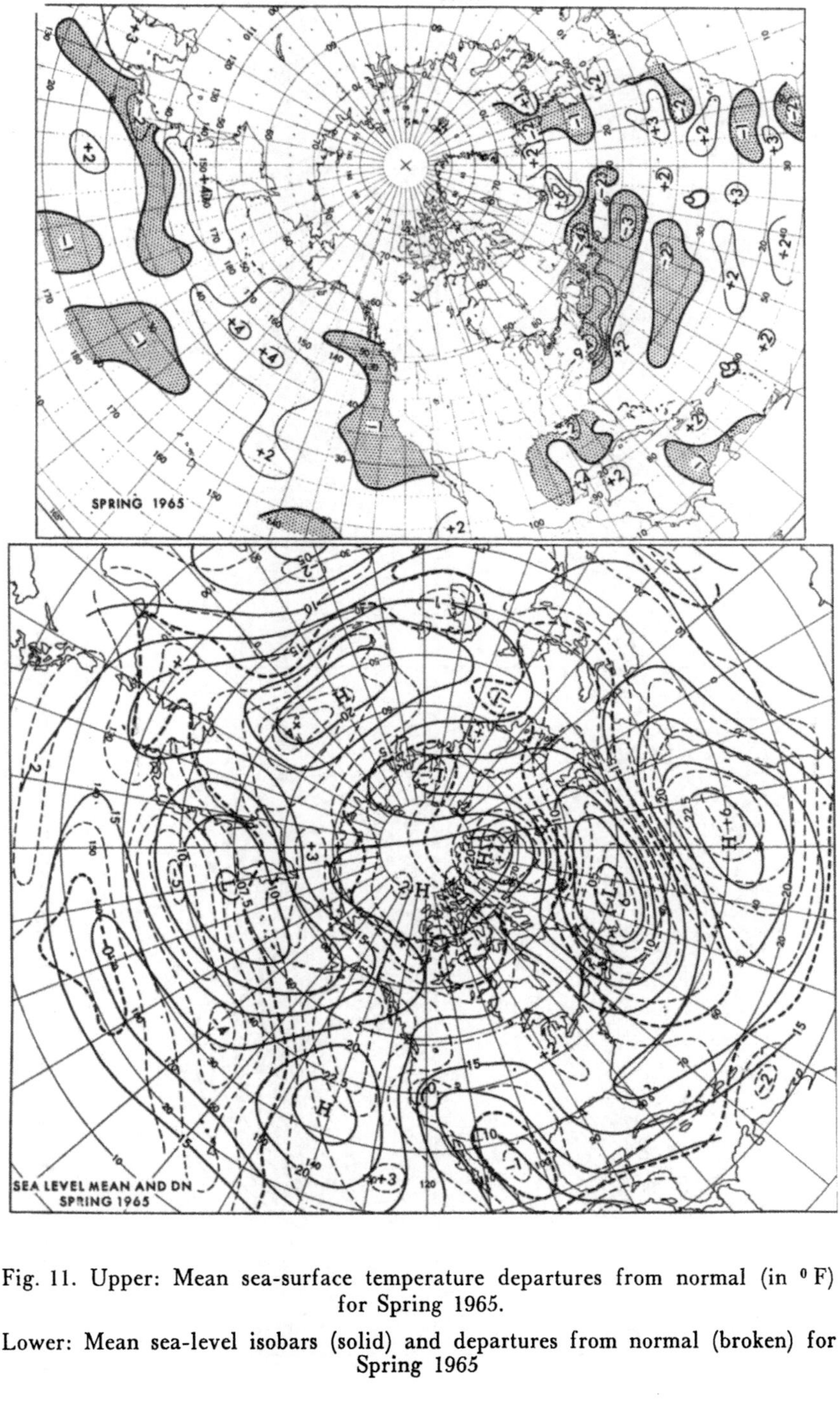

Fig. 11. Upper: Mean sea-surface temperature departures from normal (in ⁰F) for Spring 1965.

Lower: Mean sea-level isobars (solid) and departures from normal (broken) for Spring 1965

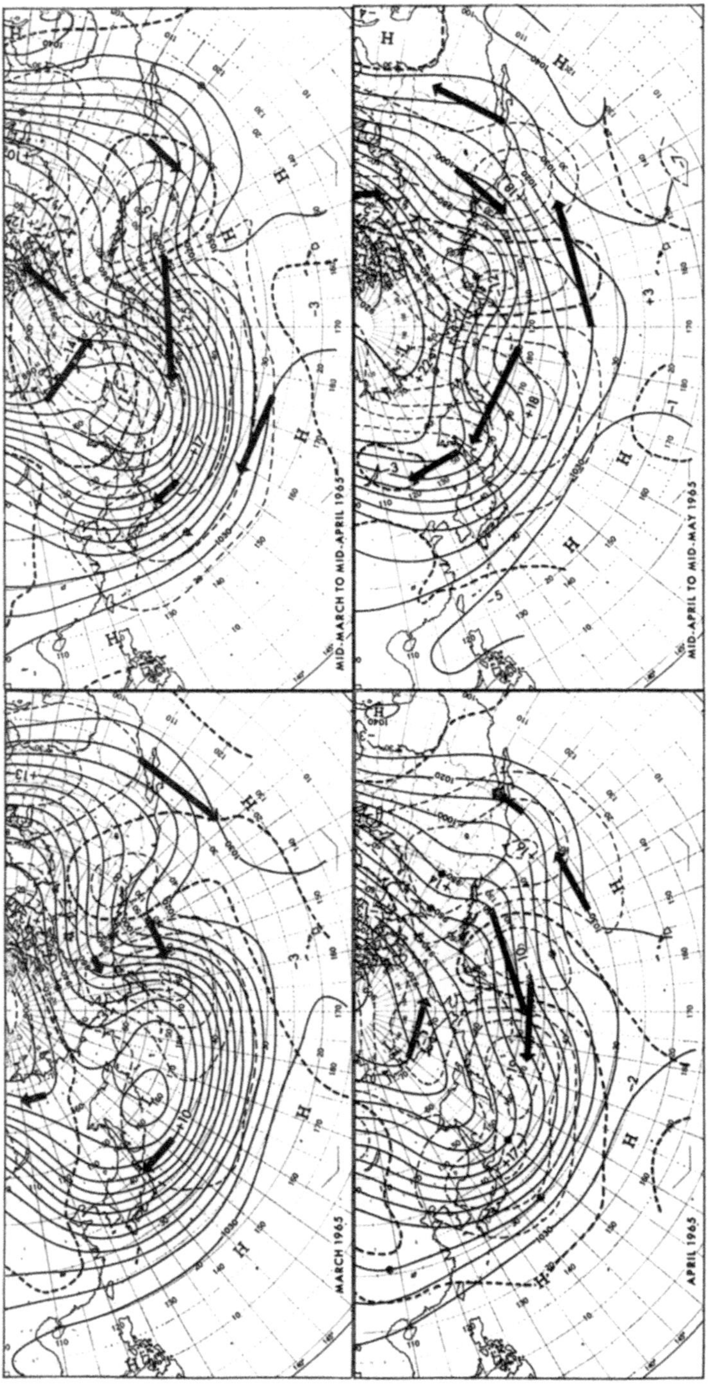

Fig. 12. Kinematic 30-day displacements (heavy arrows) for ridges and troughs of 700 mb mean charts based on 10-day centered tendencies (broken lines)

features. By combining them with normal monthly changes in mid-tropospheric height, one may construct first estimates of the likely height distribution from two weeks to a month in advance. After these objective calculations have been performed, subjective jud-

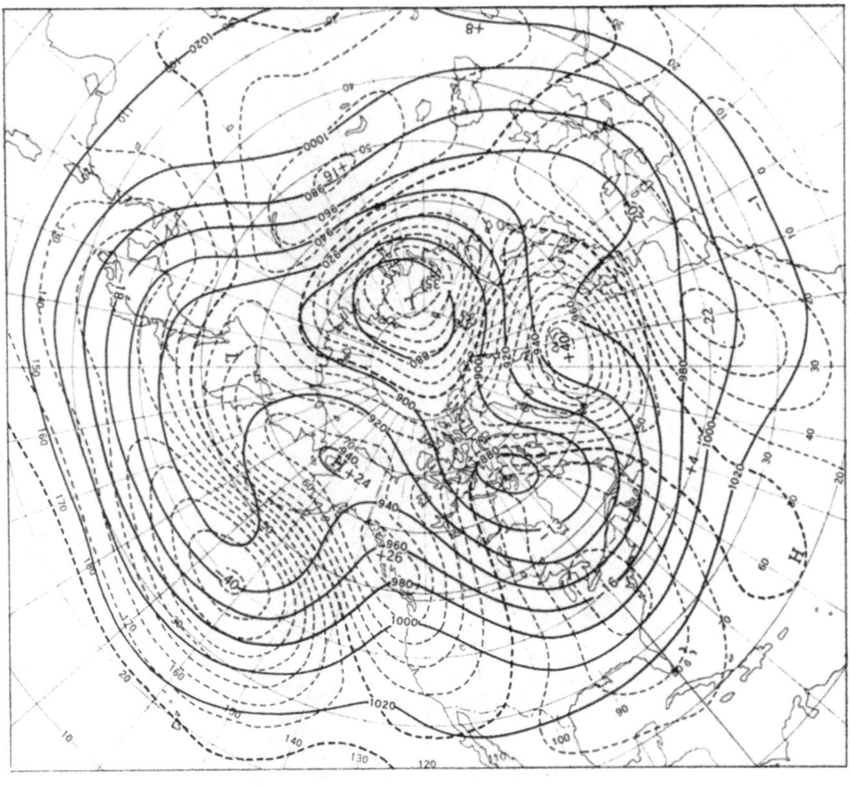

Fig. 13. Mean 700 mb contours (solid) and isopleths of anomaly (broken) (both labelled in tens of feet) for Winter (Dec., Jan., Feb.) 1962—63

gment enters into the decision-making. Martin's and O'Connor's teleconnection charts then become important. For example, the retrogression of the Pacific ridge is so strongly indicated in Fig. 12 that its 30-day predicted position given by the end of the arrow would form one of the cornerstones of the forecast, and teleconnection probabilities from this base point would hint at the formation of other systems — such as a Gulf of Alaska cyclone, once the ridge has crossed the critical area of the Eastern Aleutians.

The final aim is to prepare a monthly mean prognostic circulation chart from which temperature, precipitation, and sea-level

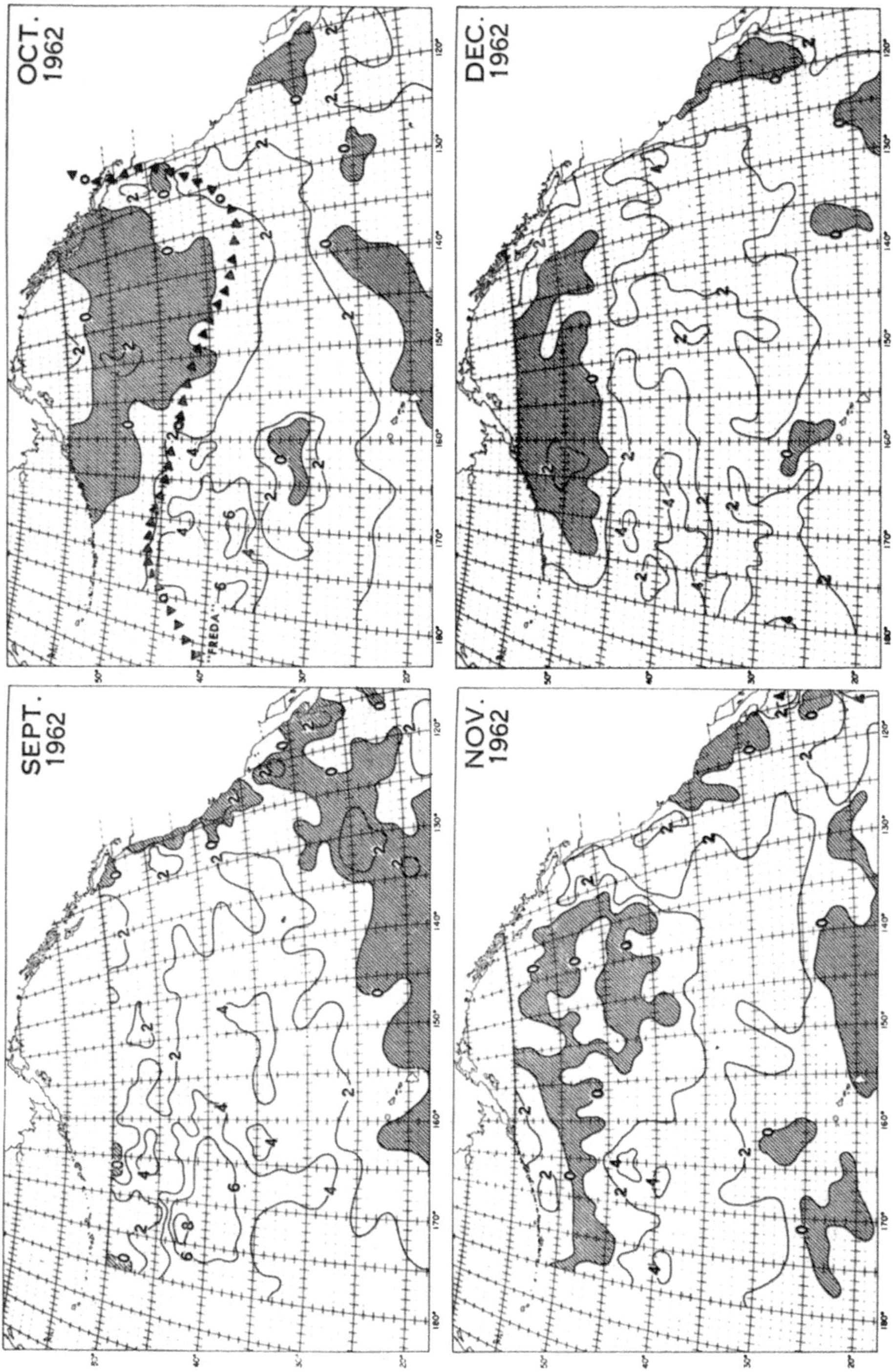

Fig. 14. Isopleths of departure from normal (in °F) of sea-surface temperature for the months September through December 1962. Shaded areas are colder than normal

pressure patterns can be estimated by means of the specification method described earlier.

For longer time ranges — for example, seasons — the use of kinematic techniques has not been found successful, because the change of season is overwhelmingly important. Therefore, the use of other techniques, particularly statistical ones, becomes more relevant. Before briefly mentioning some of these statistical procedures, let me refer to the circulation during the highly anomalous winter 1962—63 of which all Europeans are especially cognizant, for some clues as to the identity of useful statistical predictors may be found in this period. The mid-tropospheric mean contour pattern and anomalies for the winter are shown in Fig. 13, where it is seen that four major waves dominated the hemisphere. Particularly noteworthy was the very strong trough (minus 400 ft departure from normal) north of Hawaii. Of course, this trough was associated with much stronger-than-normal cyclogenesis in this area. If one could predetermine this area of cyclogenesis, it can be shown through the teleconnection studies or through the concept of vorticity redistribution that a strong ridge extending from the West Coast of North America into Alaska would be called for. This, in turn, would produce a strong trough along the East Coast of North America that would be reintensified by cyclogenesis along the edge of the intensely cold Arctic air flowing into the trough. The early development of the East Coast cyclones and their fast occlusion far southwest of normal (off Newfoundland instead of Iceland) may have been a major factor in creating the large quasi-permanent block which persisted over Iceland and Northern Europe. While it is impossible at present to assign any area of the map priority in setting up this pattern, it seems that the Pacific trough might be a good contender. It may be significant that this trough developed over a pool of unusually warm water (Fig. 14), which developed during the summer and fall of 1962 in the very area where major cyclogenesis proceded during winter. Until these ideas are proven with the help of a numerical, physically-based forecasting model, only circumstantial evidence can be presented for such a hypothesis.

If the surface abnormalities do in fact produce abnormalities in the pressure and wind distribution aloft, it may be possible to obtain some idea of the seasonal character of the circulation well in advance, not only through studies of abnormalities of sea-surface temperature but also through the influenced meteorological records. Therefore we regularly plot and analyze sea-surface temperatures over the Pacific and Atlantic and snow cover over North America. We also prepare prognostic upper-level charts, using regression

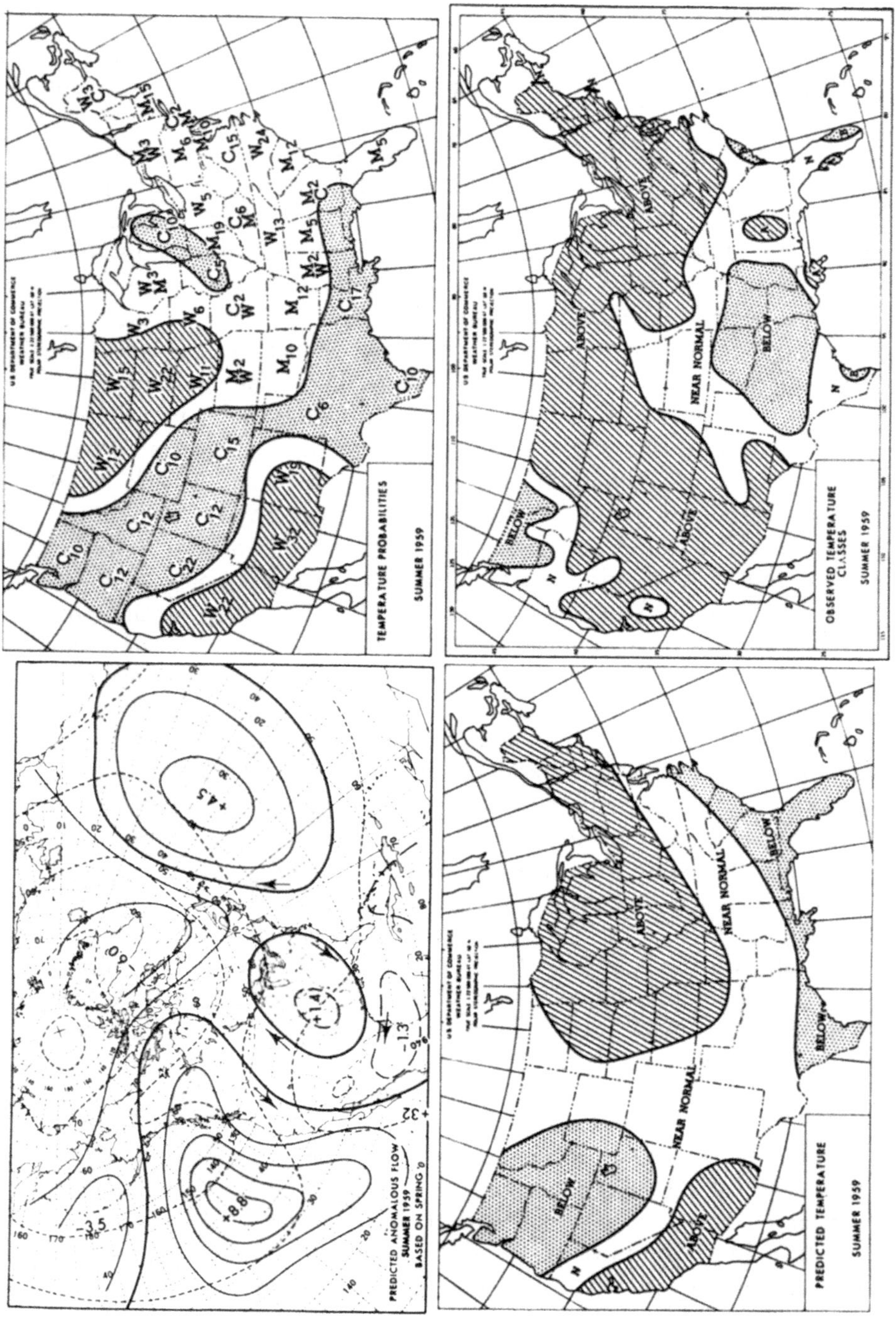

Fig. 15. See text for explanation

equations derived from data of the past 20 to 30 years. Equations for each grid point are based on local season-to-season and month-to-season autocorrelations. An example is shown in the upper left of Fig. 15. And finally, contingency tables for individual states of the country are composed from a 60-year record and probabilities for the subsequent season plotted.

Fig. 15 (upper right) shows the contingency table solution for the summer of 1959, along with the final temperature prediction and the observed temperature. The skill scores of such seasonal forecasts are very modest, as is shown in Table 2. Yet the predictions are

Table 2. *Distribution of seasonal temperature forecast skill scores by season, winter 1959 till spring 1964 (22 seasons)*

	Forecast	Persistence
Winter	15	3
Spring	4	—9
Summer	13	16
Fall	10	0
Annual	10.5	2.1

Correlation between forecast skill and persistence skill $= -0.17$.

significantly superior to climatological probabilities and to persistence. Examples of a good, fair, and poor temperature forecast drawn from the population which makes up the statistics of Table 2 are given in Fig. 16.

Among other groups in the world who have been making seasonal predictions publicly or experimentally, we must mention the veteran Baur, who has developed elaborate statistical procedures for drawing conclusions. Baur's successful forecast of a wet summer in Europe in 1965 should encourage many workers in this field and should elevate in the mind of the public at least the subject of seasonal prediction.

VI. Numerical Physical Objectives

No discussion of long-range forecasting would give a complete picture of potentialities without substantial reference to the fundamental research proceeding on the general circulation — for progress on this central problem automatically carries with it the possibility of progress on the long-range weather forecasting problem. Numerical methods applying purely hydrodynamical and thermodynamical methods to the general-circulation problem are being pursued vigorously in many areas of the world. At present, highly simplified models are being tested to determine the primary mechanisms in the atmosphere which give it its characteristic time and space scales and also the variability of these scales. Stated simply, these researches

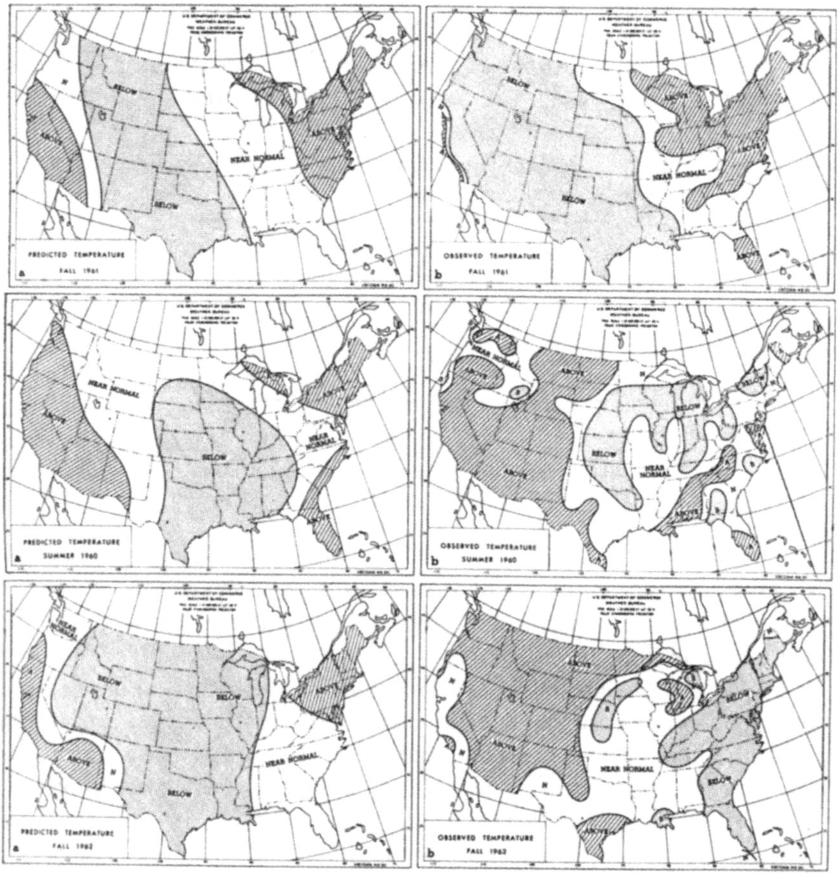

Fig. 16. Examples of good (upper), average (middle), and poor (lower) seasonal temperature forecasts

are designed to answer the question as to how solar energy is ultimately utilized and how the atmosphere responds in order to transfer heat most efficiently. After this question is answered and some gross characteristics are explained, detailed answers can be sought. Unfortunately these *details* may require even more exact knowledge of such elusive physical processes as release of latent heat, momentum and water-vapor exchanges, internal turbulent exchanges, radiation transfers and in fact, the entire gamut of meteorological processes.

It is possible that some of these processes can be omitted or perhaps greatly simplified for certain predictions. On the other hand, there is no guarantee that a completely physical solution will be found, and for this reason alone the empirical approach must proceed. Besides, it appears likely that, as with short-range numerical forecasting, empirical knowledge will be highly necessary in making optimum practical use of any physically-based long-range forecastig model. Furthermore, theoreticians can ill afford to ignore decades of empirical research in setting the direction of their efforts.

In recent years attempts have been made in the Extended Forecast Division, particularly by J. ADEM, to formulate a numerical prediction model for periods of a month or a season. The basic equations used are those of conservation of thermal energy in the surface of the earth and in the mid-troposphere. The model predicts the anomalies of temperature in the underlying surface and in the mid-troposphere. Besides radiation other forms of heating are generated within the model. This is done by expressing such heating as a linear function of variables predicted in the model.

The anomalies directly incorporated are those in the storages of thermal energy which are introduced by prescribing in the previous interval the temperature of the surface water in the oceans and the temperature of the mid-troposphere, as well as the anomalies in the short-wave radiation absorbed by the surface; which in turn are introduced by prescribing the albedo (snow cover) at the end of the previous month.

The numerical experiments show that important anomalies of the evaporation at the surface, of the vertical turbulent transport of sensible heat from the surface, of the condensation of water vapor in the clouds and of the cloudiness are introduced by the anomalies of the computed temperature fields. Furthermore, these induced anomalies of the heating functions and of the cloudiness in turn introduce changes in the anomalies of the temperature fields. The first such prediction using ADEM's first model is shown in Fig. 17.

Numerical experiments are also carried out to test the possibility of using satellite data in this model.

VII. Optimism for the Future

We note many recent developments which may well lead to significant, practical improvements in long-range forecasting techniques:

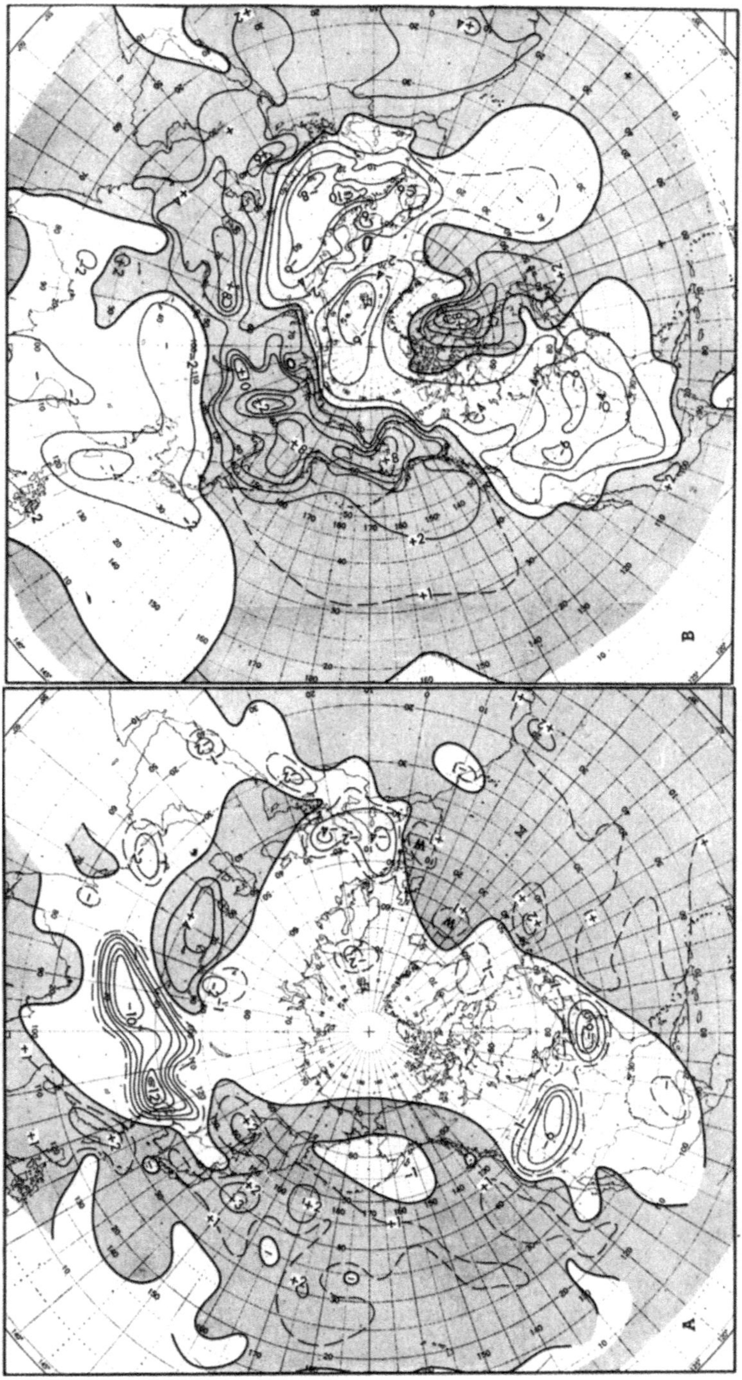

Fig. 17. Temperature departures (in ° C) from normal at the surface of the earth for January 1963. (*A*) Predicted; (*B*) Observed (from ADEM)

1. Greater and improved sources of data in the world (including satellite measurements);

2. Fast and economical methods for processing these data and for computing by statistical and physical methods;

3. Better understanding of the dynamics of the general circulation through studies of long waves, heat and momentum transports, transformation and exchanges, etc.

There is a new generation of young meteorologists well versed in physics, mathematics and electronic computing. One of our tasks is to introduce them to the real problems of long-period atmospheric behavior, in the hope that they may apply their talents with greater success than earlier generations.

Numbered References

(Numbers refer to those opposite namens in Table 1)

1. Teisserenc de Bort, L.: Étude sur l'hiver de 1879—1880 et recherches sur la position des centres d'action de l'atmosphère dans les hivers anormaux. Bureau Central Météorologique de France, Annales, 1881, Pt. 4: 17—62 (1883).
2. Clayton, H. H.: Long-Range Weather Changes and Methods of Forecasting. Mon. Wea. Rev. **64,** 359—376 (1936).
3. Abercromby, R.: Principles of Forecasting by Means of Weather Charts. 2nd Ed., London, 1885.
4. Hildbrandsson, H. Hildebrand: Quelques recherches sur les centres d'action de l'atmosphère. I—V. Svenska Vetenscaps-akad. Handlingar **29** (1897); **32** (1899); **45** (1909); **45** (1910); **51** (1914).
5. Multanovsky, B. P.: The Present State of Long-Range Weather Forecasting Methods in U. S. S. R. Met. Messenger **43,** 129—143 (1933). Also see: Tichomirov, E. I.: Ten Years of Regular Long-Range Weather Forecasts. Bull. Central Geophy. Obs., No 3/4, 3—10 (1931).
6. Baur, F.: Die Bedeutung der Stratosphäre für die Großwetterlage. Met. Z. **53,** 79—247 (1936).
7. Bjerknes, J.: Theorie der außertropischen Zyklonenbildung. Met. Z. **54,** 462—466 (1937).
8. Rossby, C. G., and collaborators: Relation Between Variations in the Intensity of the Zonal Circulation of the Atmosphere and the Displacements of the Semi-Permanent Centers of Action. J. Mar. Res. **2,** 38—55 (1939).
9. Namias, J.: Extended Forecasting by Mean Circulation Methods. U. S. Weather Bureau, Washington, D. C., 1947. See also: Namias, J.: Thirty-Day Forecasting — A Review of a Ten-Year Experiment, Met. Mono. **2,** Amer. Meteor. Soc., Boston, 1953.
10. Blanford, H. F.: On the Connexion of the Himalaya Snowfall with Dry Winds and Seasons of Drought in India. Roy. Soc. London, Proc. **37,** 3—22 (1884).
11. Lockyer, N., and W. J. S. Lockyer: The Behaviour of the Short-Period Atmospheric Pressure Variation over the Earth's Surface. Roy. Soc. London, Proc. **73,** 457—470 (1904).
12. Walker, G.: Correlations in Seasonal Variations of Weather VIII and IX. Mem. India Met. Dept. **24,** 75—131 (1923) and 333—345 (1924).

13. BRAAK, C.: The Correlation between Air Pressure and Rainfall in the East Indian Archepelago, in Connection with the 3—5 Yearly Barometer Oscillation. Proc. Roy. Acad., Amsterdam, **21,** 193 (1912).
14. GROISSMAYR, F. B.: Neue Vorhersagemöglichkeiten der Wintertemperatur Deutschlands. Z. angew. Met. **45,** 233—241 (1928).
15. BAUR, F.: Bedingungen und Vorhersage des Niederschlagscharakters des Juli in Deutschland. Met. Z. **43,** 1—15 (1926).
16. WADSWORTH, G. P.: Short-Range and Extended Forecasting by Statistical Methods. U. S. Air Force, Air Wea. Serv. Tech. Rep., No 105—38 (1948).
17. KLEIN, W. H., B. L. LEWIS, and I. ENGER: Objective Prediction of Five-Day Mean Temperatures During Winter. J. Meteor. **16,** 672—682 (1959).
18. GILMAN, D. L.: Empirical Orthogonal Functions Applied to Thirty-Day Forecasting. Sci. Rep., No 1, Contract AF 19, (604)—1283 (1957).
19. DEFANT, A.: Die Schwankungen der atmosphärischen Zirkulation über dem nordatlantischen Ozean im 25jährigen Zeitraum 1881—1905. Geogr. Ann. **6,** 13—41 (1924).
20. EXNER, F.: Monatliche Luftdruck- und Temperaturanomalien auf der Erde. Korrelationen des Luftdrucks auf Island mit dem anderer Orte. Vienna, Akad. Wiss. Sitz.-Ber., 2 a, **133,** 307—408 (1924). Beziehungen von Luftdruckanomalien auf der Erde zueinander. Ibid. **135,** 333—356 (1926).
21. MARTIN, D. E.: Atlas of Five-Day Mean Northern Hemisphere Anomaly Charts. A. W. S. TR 105—100/2 Headquarters, Air Weather Service, Military Transport Service, U. S. Air Force, Washington, D. C., 1956.
22. BROOKS, C. E. P., and J. GLASSPOOLE: The Drought of 1921. Roy. Met. Soc., Quart. Jour. **48,** 139—166 (1922).
23. MASCART, J.: Sur le problème de la prévision du temps à longue échéance. Observatoire de Lyon, Bull. **5,** 1—4 (1923).
24. WILLETT, H. C.: Monthly and Seasonal Circulation Anomaly Patterns in Relation to Sunspots. Sci. Rep., No 6, Weather Services, Inc. AF 19 (604)—449 (1954).
25. CRADDOCK, J. M.: Research in the Meteorological Office Concerned with Long-Range Forecasting. Met. Mag. **87,** 239—249 (1958).
26. HOWARD, L.: A Cycle of Eighteen Years in the Seasons of Britain; deduced from Meteorological Observations made at Ackworth, in the West Riding of Yorkshire from 1824 to 1841. London, 1842.
27. ALTER, D.: A Group or Correlation Periodogram, with Application to the Rainfall of the British Isles. Mon. Wea. Rev. **55,** 263—266 (1927).
28. PETITJEAN, L.: Sur une périodicité et une symétrie de la courbe des pluies à Alger. Application à la prévision des périodes sèches et pluvieuses en Algérie. Acad. Scienc., Paris, Comptes-Rendus, **185,** 472—473 (1927). Sur la prévision des périodes sèches et pluvieuses en Algérie. Ibid. **226,** 194—195 (1948).
29. BERLAGE, H. P., Jr.: Über die Verbreitung der dreijährigen Luftdruckschwankung über die Erdoberfläche und den Sitz des Umsteuerungsmechanismus. Met. Z. **50,** 41—47 (1933).
30. ABBOT, C. G.: Solar Radiation and Weather Studies. Smithsonian Misc. Coll. **94** (1935).
31. HAURWITZ, B., and R. A. CRAIG: Atmospheric Flow Patterns and their Representation by Spherical Surface Harmonics. U. S. A. F., Cambridge Res. Center, Geogr. Res. Pap., No 14 (1952).

32. Takahashi, K.: On the Possibility of Seasonal Forecasting based on Periodogram Analysis. Met. Soc. Japan, 2nd Ser. **27,** 370—372 (1949).

33. Van Mieghem, J., P. Defrise, en J. Van Isacker: De Harmonische Analyse van het Normaal Windveld van het Noordelijk Halfrond op het 500-mb-Niveau. Med. Konink. Vlaamse Acad. Weten., Klasse der Weten. **22,** Brussels, 1960.

34. Buchan, A.: Interruptions in the Regular Rise and Fall of Temperature in the Course of the Year. J. Scottish Meteor. Soc. **2,** Edinburgh, 4—15 (1867—69).

35. Weickmann, L. F.: Wellen im Luftmeer. Abh. Math.-Phys. Kl. Sächsische Akad. Wiss. **39,** Leipzig, 1924.

36. Schmauss, A.: Singularitäten im Jährlichen Witterungsverlaufe. Bavaria, Lands. Veröffent. **50,** Deutsch. Meteor. Jahrbuch von München, 1929.

37. Brooks, C. E. P.: Annual Recurrences of Weather: "Singularities". Pt. I, II. Weather **1,** 107—113, 130—134 (1946).

38. Grappe, R.: La Prévision à moyenne et longue échéance par les singularities de pression utilisées synoptiquement. Mém. Météor. Nationale, No. 38 (1953).

39. Baur, F.: Einführung in die Großwetterkunde. Wiesbaden, 1948.

40. Walker, G.: Correlation in Seasonal Variations of Weather, IV. Sunspots and Rainfall. Mem. India. Met. Dept. **21,** Part X, 17—60 (1915).

41. Clayton, H. H.: World Weather and Solar Activity. Smiths. Meteor. Coll. 89 (1934).

42. Baur, F.: Statistische Untersuchungen über Auswirkungen und Bedingungen der Großen Störungen der Allgemeinen Atmosphärischen Zirkulation. Ann. Hydr. **53,** 1—6, 241—258 (1925).

43. Abbot, C. G.: Solar Radiation and Weather Studies. Smithsonian Misc. Coll. **94** (1935).

44. Brier, G. W., and D. A. Bradley: The Lunar Synodical Period and Precipitation in the United States. J. Atmos. Sci. **21,** 386—395 (1964).

45. Brooks, C. E. P.: The Variation of Pressure from Month to Month in the Region of the British Isles. Roy. Meteor. Soc., Quart. Jour. **52,** 263—275 (1926).

46. Arctowski, H.: La dynamique des anomalies climatique. Contribution à l'étude des changements de la répartition de la pression atmosphérique aux États-Unis. Dynamika Anomaly Klimat. Warsawa, 1910.

47. Rodewald, M.: Die barische Vorbereitung des Europa-Winters 1954. Ann. Met. **6,** 94—109 (1953/54).

48. Meinardus, W.: Zu den Beziehungen zwischen den Eisverhältnissen bei Island und der Nordatlantischen Zirkulation. Ann. Hydr. **36,** 318 (1908).

49. Schott, G.: Der Peru-Strom und seine nördlichen Nachbargebiete in normaler und anormaler Ausbildung. Ann. Hydr. u. Mar. Meteor. **59,** 161—169, 200—213, 240—253 (1931).

50. Petersen, J.: Unperiodische Temperaturschwankungen im Golfstrom und deren Beziehung zu der Luftdruckverteilung. Ann. Hydr. u. Mar. Meteor. **38,** 397—417 (1910).

51. Helland-Hansen, B., and F. Nansen: Temperaturschwankungen des Nordatlantischen Ozeans und in der Atmosphäre. Videnskap. Skrifter. I. Mat.-Naturv. Kl. 1916, No 9, Kristiania, 1917.

52. Brooks, C. F.: Ocean Temperatures in Long-Range Forecasting. Mon. Wea. Rev. **46,** 510—512 (1918).

53. Brooks, C. E. P.: The East-West Oscillation of the Icelandic Minimum as Shown by Monthly Pressure Charts. Met. Mag. **58,** 173—178 (1923).

54. Weise, V.: Die Einwirkung des Polareises im Grönländischen Meere auf die nordatlantische zyklonale Tätigkeit. Ann. Hydr. u. Mar. Meteor. **50,** 271—280 (1922).
55. Sandström, J. W.: Der Golfstrom und das Wetter. Beitr. Geophys. **32,** 254—259 (1931). The Gulf Stream and the Weather. Archiv. Mat. Astr. och Fys. **30 A,** 1—12 (1944).
56. Namias, J.: Recent Seasonal Interactions between North Pacific Waters and the Overlying Atmospheric Circulation. J. Geophys. Res. **64,** 631—646 (1959).
57. Bjerknes, J.: Synoptic Survey of the Interaction of Sea and Atmosphere in the North Atlantic. Geofys. Publik. Geophys. Norvegica, **24,** 115—145 (1962).
58. Thomson, J. J.: A Treatise on the Motion of Vortex Rings. Adams Prize Essay, Macmillan, London, 1883.
59. Stewart, H. J.: Periodic Properties of the Semi-Permanent Atmospheric Pressure Systems. Q. Appl. Math. **1,** 262—267 (1943).
60. Phillips, N. A.: The General Circulation of the Atmosphere: A Numerical Experiment. Quart. Jour. Roy. Met. Soc. **82,** 123—164 (1956).
61. Blinova, E. N.: Long-Range Forecasting. Part II of Hydrodynamical Methods of Short- and Long-Range Weather Forecasting in the U. S. S. R. Tellus **9,** 453—463 (1957).
62. Smagorinsky, J.: General Circulation Experiments with the Primitive Equations. Mon. Wea. Rev. **91,** 99—174 (1963).
63. Mintz, Y.: Very Long-Term Global Integrations of the Primitive Equations of Atmospheric Motion. W. M. O. Tech. Note **66,** 141—176 (1965).
64. Charney, J. G.: Numerical Experiments in Atmospheric Hydrodynamics. Proc. Sympos. in Appl. Math. **15** (1963).
65. Adem, J.: On the Physical Basis for the Numerical Prediction of Monthly and Seasonal Temperatures in the Troposphere-Ocean-Continent System. Mon. Wea. Rev. **92,** 91—108 (1964).
66. Brückner, E.: Klimaschwankungen seit 1700 nebst Bemerkungen über die Klimaschwankungen der Diluvialzeit. Geogr. Abh. **4** (1890).

References to Recent Work in the Extended Forecast Division of the U. S. Weather Bureau, ESSA

Klein, W. H., B. M. Lewis, C. W. Crockett, and Isadore Inger: Application of Numerical Prognostic Heights to Surface Temperature Forecasts. Tellus **12,** 378—392 (1960).

Namias, J.: Synoptic and Planetary Scale Phenomena Leading to the Formation and Recurrence of Precipitation. Geophys. Monogr., No 5, 32—44 (1960).

Staff Members, E. F. D.: Verification of the Weather Bureau's 30-Day Outlook. U. S. W. B., Tech. Paper, No 39 (1961).

Clapp, P. F.: Normal Heat Sources and Sinks in the Lower Troposphere in Winter. Mon. Wea. Rev. **89,** 147—162 (1961).

O'Connor, J. F.: Mean Circulation Patterns Based on 12 Years of Recent Northern Hemisphere Data. Mon. Wea. Rev. **89,** 211—227 (1961).

Haney, R. L.: Behavior of the Principal Harmonics of Selected 5-Day Mean 500 mb. Charts. Mon. Wea. Rev. **89,** 391—396 (1961).

Namias, J.: Surface Atmosphere Interactions as Fundamental Causes of Drought and Other Climatic Fluctuations. Proc. of the Symposium on Changes of Climate, 345—359, Rome, 1961.

Klein, W. H., B. M. Lewis, and C. W. Crockett: Objective Forecasts of Daily and Mean Surface Temperature. Mon. Wea. Rev. **90,** 11—17 (1962).

NAMIAS, J.: Influence of Abnormal Surface Heat Sources and Sinks on Atmospheric Behavior, Proc. Internat. Symp. Numer. Wea. Pred., Tokyo, 1960 (1962).

KLEIN, W. H.: Specification of Monthly Mean Surface Temperature from 700 mb. Heights. J. App. Meteor. **1,** 154—156 (1962).

CLAPP, P. F., and C. F. TISDALE: Origin and Paths of Hurricanes and Tropical Storms Related to Certain Physical Parameters at the Sea-Air Interface. J. App. Meteor. **2,** 358—367 (1963).

O'CONNOR, J. F.: Extended and Long-Range Weather Forecasting. J. Amer. Waterworks Assoc. **55,** 1006—1018 (1963).

ADEM, J.: Preliminary Computations on the Maintenance and Prediction of Seasonal Temperatures in the Troposphere. Mon. Wea. Rev. **91,** 375—286 (1963).

CLAPP, P. F., and F. J. WINNINGHOFF: Tropospheric Heat Sources and Sinks at Washington, D. C., Summer 1961, Related to the Physical Features and Energy Budget of the Circulation. Mon. Wea. Rev. **92,** 494—504 (1963).

KLEIN, W. H.: Specification of Precipitation from the 700-Millibar-Circulation. Mon. Wea. Rev. **92,** 527—536 (1963).

NAMIAS, J.: Large-Scale Air-Sea Interactions Over the North Pacific from Summer 1962 Through the Subsequent Winter. J. Geophys. Res. **68,** 6171—6186 (Nov. 15, 1963).

ADEM, J.: On the Physical Basis for the Numerical Prediction of Monthly and Seasonal Temperatures in the Troposphere-Ocean-Continent System. Mon. Wea. Rev. **92,** 91—103 (1964).

ADEM, J.: On the Normal Thermal State of the Troposphere-Ocean-Continent System in the Northern Hemisphere. Geof. Int. **4,** 3—32 (1964).

POSEY, J. W., and P. F. CLAPP: Global Distribution of Normal Surface Albedo. Geof. Int. **4,** 33—48 (1964).

DICKSON, R. R.: A Synoptic Characterization of the Thermal Nature of the Earth's Surface. Mon. Wea. Rev. **92,** 195—201 (1964).

NAMIAS, J.: Problems of Long-Range Weather Forecasting. J. Wash. Acad. Sci. **54,** 191—195 (1964).

NAMIAS, J.: Seasonal Persistence and Recurrence of European Blocking During 1958—60. Tellus **16,** 394—407 (1964).

NAMIAS, J.: A Five-Year Experiment in the Preparation of Seasonal Outlooks. Mon. Wea. Rev. **92,** 449—464 (1964).

NAMIAS, J.: Short-Period Climatic Fluctuations. Science **147,** 696—706 (Feb. 12, 1965).

ADEM, J.: Experiments Aiming at Monthly and Seasonal Numerical Weather Prediction. Mon. Wea. Rev. **93,** 495—503 (1965).

NAMIAS, J.: On the Nature and Cause of Climatic Fluctuations Lasting from a Month to a Few Years. W. M. O. Tech. Note **66,** 46—62 (1965).

KLEIN, W. H.: Application of Synoptic Climatology and Existing Numerical Prediction to Medium-Range Forecasting. W. M. O. Tech. Note **66,** 103—125 (1965).

ADEM, J.: Long-Range Numerical Weather Prediction Experiments. W. M. O. Tech. Note **66,** 138—140 (1965).

ADEM, J.: Preliminary Model for Computing Mid-Tropospheric and Surface Temperatures from Satellite Data. J. Geophys. Res. **70,** 2763—2767 (1965).

Author's address: Dr. J. NAMIAS, Environmental Science Services Administration, Weather Bureau, Washington D. C., U. S. A.

551.509.33

(Meteorologisches Institut der Universität Bonn)

Bemerkungen zum Problem der Langfristprognose

Von

H. Flohn

Zusammenfassung. Es wird darauf hingewiesen, daß bei der Integration eines Gleichungssystems für Langfristvorhersagen — im Gegensatz zu den kurzfristigen Prognosenmethoden — auch nichtadiabatische Prozesse mitberücksichtigt werden müssen (zeitliche Variation des Wärmeaustausches zwischen Luft und Ozean, Freiwerden latenter Wärme in niederschlagsreichen Gebieten). Im weiteren wird gefordert, die empirisch-statistische Methode der Langfristprognose weiter zu entwickeln. Es liegt bereits ein enormes Beobachtungsmaterial vor, und durch den Einsatz von Elektronenrechenautomaten großer Speicherkapazität wird eine statistische Verarbeitung dieses Materials ermöglicht. Ein Beispiel für eine derartige Verarbeitung wird beigebracht.

Unter Anführung von Beispielen werden Fragen zum Problem des Normalwetters aufgeworfen. Zum Problem des Fortschrittes auf dem Gebiet der synoptischen Forschung wird u. a. zum Ausdruck gebracht, daß im Turbulenzspektrum zwischen groß- und kleinräumigen Vorgängen eine Lücke vorhanden ist, die durch Untersuchungen von mittel- und kleinräumigen synoptischen Phänomenen mit neuen Methoden (Wetterradar, Wettersatelliten) geschlossen werden soll.

Summary. The author stresses that in integrating the system of equations for long-range forecasts, in contrast to the methods for short-range forecasts, even non-adiabatic processes have to be taken into account (time variation of the heat exchange between air and ocean, release of latent heat in regions of high precipitation). Further, it is recommanded that the empirical-statistical method of long-range prognosis may further be developed. A vast amount of data exists already and electronic computers with large storage capacity make the statistical processing possible. An example for such an evaluation is given.

Quoting some examples the author rises questions relating to the problem of the normal weather. With regard to the problem of progress in synoptic research it is stated a. o. that a gap is existing between large-scale and small-scale phenomena in the spectrum of turbulence, which should be filled by investigation of synoptic medium- and small-scale phenomena by means of new methods (weather radar, satellites).

Résumé. On rend le lecteur attentif au fait que, lors de l'intégration de systèmes d'équations servant à l'établissemet de prévisions à longue échéance — contrairement à ce qui se produit dans le cas de la courte échéance —, il faut tenir compte aussi de processus non adiabatiques. Il s'agit de la variation dans le temps de l'échange calorique entre l'air et l'océan d'une part, de la chaleur latente libérée dans les régions fortement arrosées d'autre part. On réclame ici en outre un développement plus poussé de la méthode empirico-statistique de prévisions à longue échéance. On possède déjà un matériel énorme d'observations et, par l'engagement des calculatrices électroniques mécanographiques à grandes mémoires, il est possible de traiter statistiquement ce matériel. On joint un exemple d'une telle elaboration.

Par la présentation d'exemples, l'auteur met en évidence les questions se rapportant au temps normal. Quant aux progrès à faire dans les recherches synoptiques, il insiste entre autres sur le fait que, dans le spectre turbulent, on a encore une lacune entre les processus macro- et microspatiaux. Cette lacune devrait être comblée par des recherches portant sur les phénomènes méso- et microspatiaux, recherches effectuées au moyen de techniques modernes telles que radars ou satellites météorologiques.

Der aussichtsreichste Weg, eine brauchbare Langfristvorhersage auf physikalischer Grundlage zu entwickeln, besteht heute offenbar in der Anwendung der Rechenverfahren der numerischen Vorhersage auf die Langfristvorhersage (vgl. den Bericht über das im Juli 1964 in Boulder abgehaltene Symposium: WMO Techn. Note 66, 1964). Y. MINTZ (UCLA) und C. E. LEITH (Livermore College) haben systematisch über lange Zeiträume hinweg derartige Integrationen der primitiven Gleichungen durchgeführt mit dem Ziel, die atmosphärische Zirkulation im numerischen Experiment zu simulieren. Eine ähnliche Methode kommt grundsätzlich auch für die Langfristvorhersage in Frage. Schon 1936 hat F. BAUR vom theoretischen Standpunkt aus festgestellt, daß die Langfristvorhersage sich von der Kurzfristvorhersage nur dadurch unterscheidet, daß bei ihr die diabatische Wärmezufuhr nicht mehr vernachlässigt werden darf. Die Hauptaufgabe einer physikalischen Langfristvorhersage ist es daher, die verschiedenen Glieder des Strahlungs- und Wärmehaushaltes als physikalische Parameter zu formulieren und sie zahlenmäßig in ihrer regionalen und zeitlichen Verteilung festzulegen. Das bereitet für die mittleren Verhältnisse, d. h. zur Simulation der allgemeinen Zirkulation, keine unüberwindlichen Schwierigkeiten. Diese ergeben sich aber sofort, wenn wir für die Langfristvorhersage gerade die derzeitigen Abweichungen von diesem mittleren Zustand einsetzen müssen.

Auf ein besonders wichtiges Glied haben NAMIAS, J. BJERKNES, RODEWALD u. a. hingewiesen: das sind die zeitlichen Variationen der Wärmeaustauschprozesse zwischen Luft und Ozean. Ein weiterer Prozeß ist aber zahlenmäßig offenbar noch wichtiger: Es handelt sich um das Freiwerden von latenter Wärme in den Gebieten umfangreicher Niederschläge, das antizyklonale Vorticity produziert. Dieser Term hat — jedenfalls im Winter in mittleren und höheren

Breiten — eine größere Bedeutung als selbst die Globalstrahlung. Tägliche Gebietsmittel des Niederschlags für die Nord- und Südhälfte der Bundesrepublik Deutschland werden im Monatsbericht „Großwetterlagen Mitteleuropas" seit 1949 veröffentlicht; beide Gebiete umfassen je etwa 125000 km². Tabelle 1 gibt für die extremen Jahreszeiten der Periode 1955—1964 die Häufigkeitsverteilung

Tabelle 1. *Häufigkeitsverteilung des Flächenmittels der latenten Energie der Gebietsniederschläge in %o aller Tage (1955—1964)*

Gebiet	Monate	0	>60	>150	>300	>600	>900 Ly/d	Medianwert
Norddeutschland	I, II	4	48	28	10	1.4	0.4 %	55 Ly/d
Norddeutschland	VII, VIII	7	62	42	19	4.0	2.3 %	108 Ly/d
Süddeutschland	VII, VIII	12	58	43	27	6.9	3.3 %	103 Ly/d

der Gebietsniederschläge — bezogen auf die Gesamtfläche unabhängig von der Zahl der Stationen mit Regen — in Einheiten der latenten Energie in Langley (gcal/cm^{-2}) pro Tag, wobei 1 cm Niederschlag = 600 Ly/d gesetzt wurde. Da die mittlere Strahlungsbilanz der Erdoberfläche in Hamburg im Sommer bei 250 Ly/d, im Winter bei 0—50 Ly/d liegt, ist der energetische Anteil zweifellos nicht zu vernachlässigen.

Das wird uns früher oder später dazu zwingen, tägliche Gebiets-Mittelwerte des Niederschlags in unserem Beobachtungsnetz zu bestimmen, um die Grundlagen für diese Rechnungen zu erhalten.

Darüber hinaus scheint es mir erforderlich, das Problem der Langfristvorhersage auch vom empirischen Standpunkt mit Mitteln wieder aufzugreifen, die schon in den Arbeiten von EXNER, BAUR, GROISSMAYR u. a. benutzt worden sind. Ich meine die Untersuchung der weiträumigen Telekonnektionen, der Anomalien der allgemeinen Zirkulation. Eine solche Weiterführung erscheint aus verschiedenen Gesichtspunkten ratsam:

1. Unsere Fragestellung hat sich inzwischen in physikalischer und räumlicher Hinsicht wesentlich vertieft und präzisiert. Wir sehen die allgemeine Zirkulation heute dreidimensional ablaufen und verstehen wenigstens die Grundzüge ihres Mechanismus. Wir kennen die Rolle, die die quasistationären Höhentröge als Zentren der Interaktion, d. h. der Wechselwirkung zwischen tropischer und außertropischer Zirkulation haben, und wir können die Bedeutung der einzelnen Energieaustauschprozesse zahlenmäßig abschätzen.

2. Wir verfügen heute über viel besseres und vollständigeres Beobachtungsmaterial der verschiedensten Elemente, insbesondere für den Luftdruck über ein Netz von Schnittpunktswerten der Längen- und Breitenkreise seit 1899, teilweise schon seit 1872. Wir ver-

fügen auch in einigen Seegebieten über monatsweise Statistiken der resultierenden Winde und weiterer Klimagrößen. Sehr erwünscht wären weiterhin homogene Gebietsmittel des Niederschlags und der Bewölkung für die Einzelmonate und -jahre.

3. Vor allem verfügen wir heute über elektronische Rechengeräte zur Durchführung umfangreicher statistischer Rechnungen mit einem Minimum an Zeitaufwand. Nur als Beispiel sei erwähnt, daß an unserem Institut ein Programm für die IBM 7090 erstellt wurde, mit dem die Korrelationen zwischen zwei Zeitreihen unter Zusammenfassung von ein, zwei, drei, vier und sechs Monaten sowie mit zeitlichen Verzögerungen von —12 bis +12 Monaten berechnet werden, unter Berücksichtigung aller etwaiger Lücken. Dieses Programm liefert für jedes Stationspaar eine Serie von rund 1500 Korrelationskoeffizienten mit einem Rechenaufwand von wenigen Minuten. Damit wird es möglich, Korrelationen statistisch als Populationen zu behandeln und all die Fehlerquellen auszuschalten, die bei der Betrachtung individueller Korrelationskoeffizienten auftreten. Darüber hinaus ergibt sich die Möglichkeit der Anwendung fortgeschrittener statistischer Verfahren, etwa der Cross-Spectrum-Analyse.

Als Beispiel diene Tabelle 2, die sich auf die Korrelationen der Ein-Monatsmittel von Niederschlag (*RR*) und Wassertemperatur

Tabelle 2. *Häufigkeit des Auftretens von Korrelationen jenseits der Signifikanzgrenzen im Vergleich zu einer Zufallsverteilung (300 Einzelwerte)*

Korrelationskoeffizient r	<0	>0 bis $+5\%$	$>+5\%$	$>+1\%$	$>+3\sigma$
t_w P. Chicama – RR Atuona	62	86	152	15	7
t_w P. Chicama – RR Fanning Isl.	62	130	108	73	38
t_w La Libertad – RR Canton Isl.	98	181	21	6	5
RR Guayaquil – RR Canton Isl.	148	119	33	21	16
RR Guayaquil – RR Fanning Isl.	145	123	32	19	14
RR Guayaquil – RR Nauru	121	150	29	10	4
RR Nauru – RR Malden Isl.	74	164	62	29	17
Erwartungswert bei Zufallsverteilung	150	142,5	7,5	1,5	0,5

Einzelne aus einem Material von über 40 000 Koeffizienten ausgewählte hohe Einzelwerte wurden anderweitig veröffentlicht (WMO Technical Note 66, 1964, S. 1—10).

(t_w) einiger pazifischer Stationen mit Entfernungen bis zu 12 500 km (Guayaquil-Nauru) beschränkt; sie bezieht sich jeweils auf 300 Korrelationen mit Zeitverschiebungen von 0 bis ±12 Monaten.

Diese Arbeiten beziehen sich zunächst auf ein interessantes Problem der allgemeinen Zirkulation: die äquatorialen Trockengebiete des Pazifiks und Atlantiks, in denen ganz ungewöhnlich große Schwankungen der Niederschlagsmenge mit großer Erhaltungstendenz über 6—12 Monate und mehr auftreten. Hier existieren weiträumige Korrelationen, die von den Westküsten von Afrika und von Südamerika ausgehen und — teils mit einer systematischen Zeitverzögerung — quer über die Ozeane hinüber bis Nordost-Brasilien bzw. in den zentralen Pazifik hineinreichen, gekoppelt mit analogen Anomalien der Wassertemperatur und der Windverteilung (vgl. auch den Beitrag von J. Bjerknes).

Die Frage nach dem Normalwetter, die H. Reuter gestellt hat, kann in allen Klimazonen eigentlich nur durch eine statistische Auswertung genügend langer und homogener Beobachtungsreihen beantwortet werden, wobei dann die Grenze des Normalen konventionell durch die 5 %-Grenze (bzw. 1 % oder 3 σ) definiert werden muß. Gelegentlich kommen aber — jedenfalls in tropischen Klimaten — Extremwerte vor, die weit über alle bisherigen Grenzen hinausgehen. Als Beispiel sei der einmalige Anstieg des etwa 65 000 km² großen Victoria-Sees in Ostafrika um rund 2,5 m seit November 1961 (vgl. das Diagramm in Weather 1965, S. 227) genannt; das Gebietsmittel des Niederschlages betrug in den fünf Monaten von September 1961 bis Januar 1962 in einem 606 000 km² umfassenden Gebiet von Kenya 319 % des Normalwertes, in den Monaten Oktober und November der „kurzen Regenzeit" sogar 423 %. In den Jahren 1959—1964 erlebten nahezu alle Seen und Flußgebiete Zentral- und Ostafrikas — vom Nyassa-See bis zum Tschad-See und nach Äthiopien hin — die größte Feuchteperiode dieses Jahrhunderts, in vielen Fällen seit dem Entdeckungszeitalter um 1870.

Synoptische Forschung auf einer sauberen theoretischen Grundlage ist auch heute noch ebenso aussichtsreich wie notwendig, wenn sie z. B. zahlenmäßige Vorstellungen über die synoptischen Modelle (Fronten, Strahlströme usw.) anstrebt. Darüber hinaus brauchen wir nach wie vor — schon im Hinblick auf die Probleme der Witterungsanomalien und der Langfristvorhersage — Beschreibungen spezieller, zu exzessiven Auswirkungen führender Wetterlagen im Sinne einer Klima- und Witterungsgeschichte, selbst wenn hieraus keine allgemeineren Schlüsse gezogen werden können. Vor allem aber dürfen wir nicht vergessen, daß die Wettervorgänge verschiedene Größenskalen umfassen, von den langen Wellen der Westdrift mit einem charakteristischen Durchmesser von 3000 km mindestens bis herab zu den Zellen konvektiver Bewölkung in der Größenordnung

1—10 km, die unserem synoptisch-aerologischen Beobachtungsnetz notwendig entgehen (vgl. Mitt. Dt. Wetterdienst 10, 1955, S. 80—87). Die gründliche Untersuchung solcher mittel- und kleinräumiger synoptischer Phänomene — wie sie etwa T. FUJITA in Chicago mit Hilfe exakter Auswertungen von Satellitendaten durchführt — ist notwendig; Wetterradargeräte und aerologische Aufstiege in kurzen Intervallen sind geeignete Hilfsmittel einer derartigen „Lokalsynoptik". Sie füllt auch die auffällige Lücke, die in dem Turbulenzspektrum der kinetischen Energie zwischen den groß- und kleinräumigen Vorgängen klafft.

Anschrift des Verfassers: Prof. Dr. H. FLOHN, Schwalbenweg 19, D-53 Ippendorf/über Bonn, Bundesrepublik Deutschland.

551.509.33

(Meteorologiska Institutionen, Universität Uppsala)

Zur Langfristprognose auf Grund des Kaltluftvorrates der Polarkalotte

Von

A. Similä

Zusammenfassung. Langfristprognosen sind häufig auf Analogieverfahren gegründet. Über Schwierigkeiten, die bei solchen Analogieverfahren auftreten können, wird am Beispiel des abnormen Kaltluftvorrates in den Sommermonaten des Jahres 1965 kurz berichtet.

Summary. Long-range forecasts are often based on analogy methods. Difficulties which may arise with such methods are shown referring to the abnormal amount of cold air in the summer months of 1965.

Résumé. On procède en général par analogie pour élaborer les prévisions météorologiques à longue échéance. En partant de l'exemple fourni par les mois d'été 1965, mois durant lesquels on a pu constater des réserves anormales d'air froid, on discute certaines difficultés qui peuvent surgir lors de l'emploi de ces méthodes analogiques.

Seit dem Jahre 1949 wurden von mir durch Planimetrieren die Mittelwerte der relativen Topographie 500/1000 mb über der „thermischen Polarkalotte" bestimmt. Als thermische Polarkalotte bezeichnet man das kälteste Gebiet auf der nördlichen Halbkugel mit einer konstanten Größe von $25 \cdot 10^6$ km^2.

Im Vergleich mit den 15jährigen Mittelwerten sind die Temperaturverhältnisse der thermischen Polarkalotte während der Sommermonate der letzten Jahre als abnorm zu bezeichnen. Das Temperaturdefizit betrug im allgemeinen 1 bis 2^0 C. Dies bedeutet, daß der Kaltluftvorrat während dieser Sommermonate größer war als der entsprechende Normalwert. Wegen der zu weit südlichen mittleren Lage der Polarfront konnten in diesen Sommermonaten auch kaum warme Luftmassen nach Nordeuropa vordringen. Das Temperaturdefizit blieb jedoch nicht immer nur auf die höheren Breiten beschränkt. Im Sommer 1965 wiesen zum Beispiel die Werte, die aus den halbmonatlichen relativen Topographiekarten gewonnen wurden, auf allen außertropischen Breitenkreisen negative Abweichungen vom Normalwert auf. In 40 und 30° N waren die mittleren Luftmassentemperaturen noch immer um 1/2 bis 1° C zu niedrig (Tabelle 1).

Die Methode der langfristigen Prognose beruht häufig auf Analogieschlüssen. Es wird die räumliche und zeitliche Verteilung der meteorologischen Elemente mit einer früheren analogen Situation verglichen und daraus auf einen ähnlichen Wetterablauf geschlossen.

Tabelle 1. *Abweichung der Breitenkreismittelwerte der relativen Topographie (1000—500 mb) im Sommer 1965 vom 15jährigen Mittelwerte in geopotentiellen Dekametern*

φ	April		Mai		Juni		Juli		August	
	1.—15.	16.—30.	1.—15.	16.—31.	1.—15.	16.—30.	1.—15.	16.—31.	1.—15.	16.—31.
80° *N*	−2,8	+2,9	−4,7	−3,2	−1,5	−2,2	−1,7	+1,1	+3,1	−1,5
70°	+0,2	−1,0	−2,5	−1,9	−2,7	−2,2	−2,2	−0,7	−0,9	−2,6
60°	+0,7	−2,6	−0,9	−2,8	−1,0	−2,4	−2,2	−2,6	−2,2	−3,4
50°	−0,4	−1,4	−0,5	−1,2	−2,4	−0,8	−1,7	−2,6	−1,4	−1,9
40°	−2,4	+0,2	+0,3	−0,0	−1,2	−1,5	−1,9	−1,5	−0,7	−1,5
30° *N*	−1,8	+0,2	−1,0	−0,8	−1,5	−1,9	−1,3	−1,2	−0,8	−2,2

sen. Aus dem angeführten Beispiel ist zu ersehen, wie schwierig solche Analogiebetrachtungen in Wirklichkeit sind. Der abnorm große Kaltluftvorrat während der letzten Sommermonate hat das Analogieverfahren hinsichtlich der Kaltluftverteilung von früheren Jahren, wo der Kaltluftvorrat bedeutend kleiner gewesen ist, für Nordeuropa unbrauchbar gemacht. Meiner Meinung nach ist für die Langfristprognose die Frage, wo die Ursachen für die verminderte Erwärmung der Nordhalbkugel während der Frühlingsmonate (April/Mai), die den kühlen Sommer 1965 verursacht hat, zu suchen sind, von größter Bedeutung.

Anschrift des Verfassers: Univ.-Dozent A. Similä, Meteorologiska Institutionen, Universität Uppsala, Schweden.

551.543.5 : 551.509.3

(Meteorological Institute of the Math.-Phys. Faculty, Charles University, Prague)

Interdiurnal Pressure Variability as a Mean of the Objective Climatological Analysis

By

Karel Bayer

With 8 Figures

Summary. The author shows that the interdiurnal pressure variability can be used as an objective measure of the kinetic energy of air masses. There is also a connection between the pressure variability and the weather which is represented for the typical situation (Großwetterlage). The analysis performed shows two typical one-year-periods (from summer to summer) of increased anticyclonic activity over Europe in the time interval of six years.

Zusammenfassung. Es wird gezeigt, daß sich die interdiurne Luftdruckveränderlichkeit als objektives Maß der kinetischen Energie der Luftmassen benutzen läßt. An Hand von typischen Großwetterlagen wird auch der Zusammenhang zwischen der interdiurnen Luftdruckveränderlichkeit und dem Wetter demonstriert. Die durchgeführte Analyse zeigt zwei typische einjährige Perioden (von Sommer zu Sommer) für die erhöhte antizyklonale Aktivität in Europa im Zeitabstand von sechs Jahren.

Résumé. On démontre qu'il est loisible d'utiliser les possibilités de variations de la pression d'un jour à l'autre comme grandeur objective de l'énergie cinétique des masses d'air. En se basant sur des situations météorologiques typiques, on démontre le rapport de cause à effet existant entre la variabilité interdiurne de la pression et le temps. L'analyse ainsi faite montre deux périodes typiques d'une année (d'un été au suivant) où l'activité anticyclonique est accrue sur l'Europe; ces deux périodes se retrouvent tous les six ans.

Interdiurnal pressure variability was studied in many publications beginning with works of Kämtz [1] and Köppen [2], over Woeikoff [3], Bahr [4], v. Ficker [5], Travniček [6] and others up to papers published by Hoinkes [7], de Bary-Möller [8] and Berger [9] in recent years. We know the threedimensional structure in the distribution of the interdiurnal pressure variability and the connection with frontal zone and its seasonal fluctuations.

In our recent papers [10, 11, 12, 13, 14] we have tried to use the interdiurnal pressure changes $|\Delta p|$ for the objective partitioning of the year into natural seasons. We summarized the absolute interdiurnal pressure changes $|\Delta p|$ during all the actual years. The resulting summation curves have shown the characteristic features

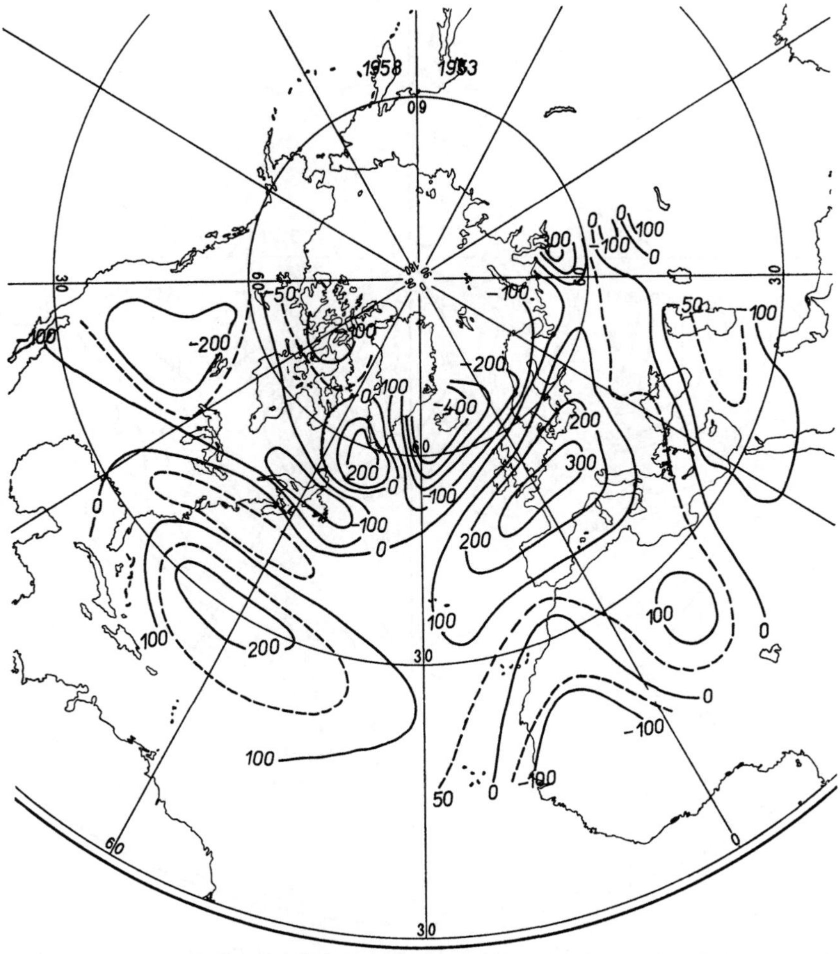

Fig. 1. Isopleths of the differences of the yearly sums of the absolute interdiurnal pressure changes in mb between the years 1958 and 1953

depending on the geographical position on the earth and varying from year to year [12]. For example we have shown that in humid years in Central Europe the curves for Prague are much steeper than in dry years [11, 12, 13]. In order to follow easier the annual course of the summation curve we have computed the running ten-day-curve slopes [12, 13, 14]. In this way, for each day in the particular year, as the central day of the corresponding decade, we get the value k_p as the slope of the summation curve at the given place. Mathematically k_p is the decade mean. We can compute the k_p not only for the stations with long period observations, but also for

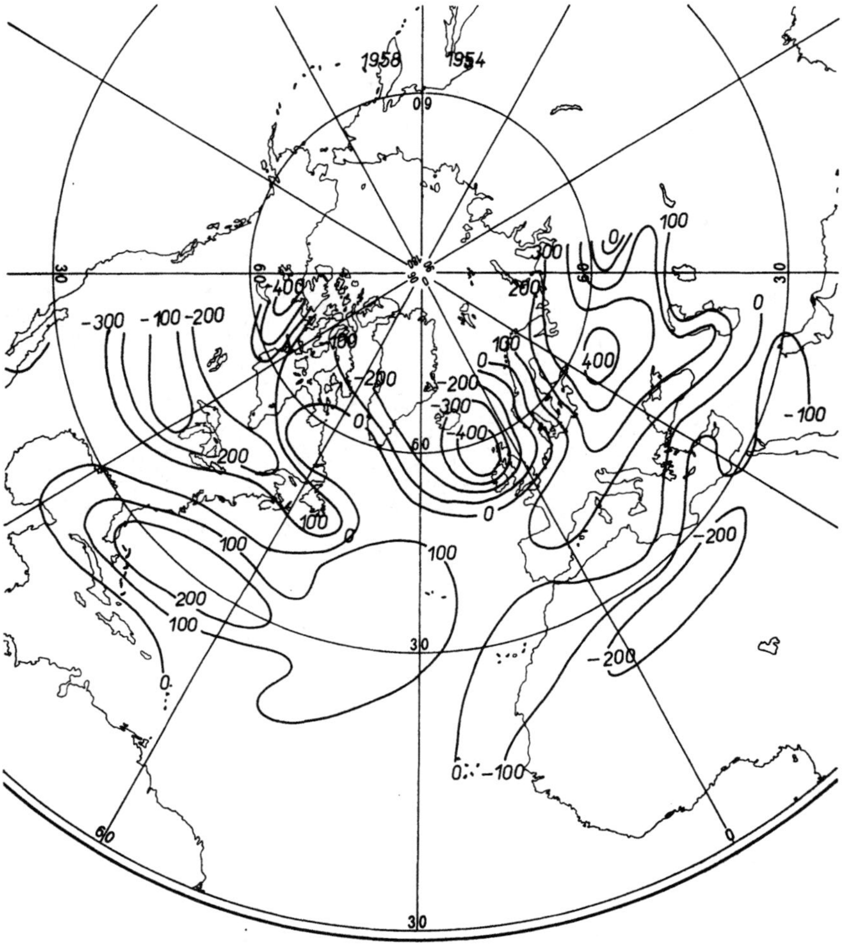

Fig. 2. Isopleths of the differences of the yearly sums of the absolute interdiurnal pressure changes in mb between the years 1958 and 1954

the grid-points of the geographical net and the results can be represented graphically by isolines on the map [11, 12], or by diagrammes [13, 14].

In the period 1953—1959 were meteorologically very different years, for example as regards weather in Central Europe. There were years with humid summers, as 1954 and 1958, there were years with dry summers, as 1953 and 1959 after the sunspot maximum [15, 16, 17, 18]. With the value of $\widetilde{k}_p = 4{,}6$ mb the year 1958 had the highest annual average of k_p of the studied period. On

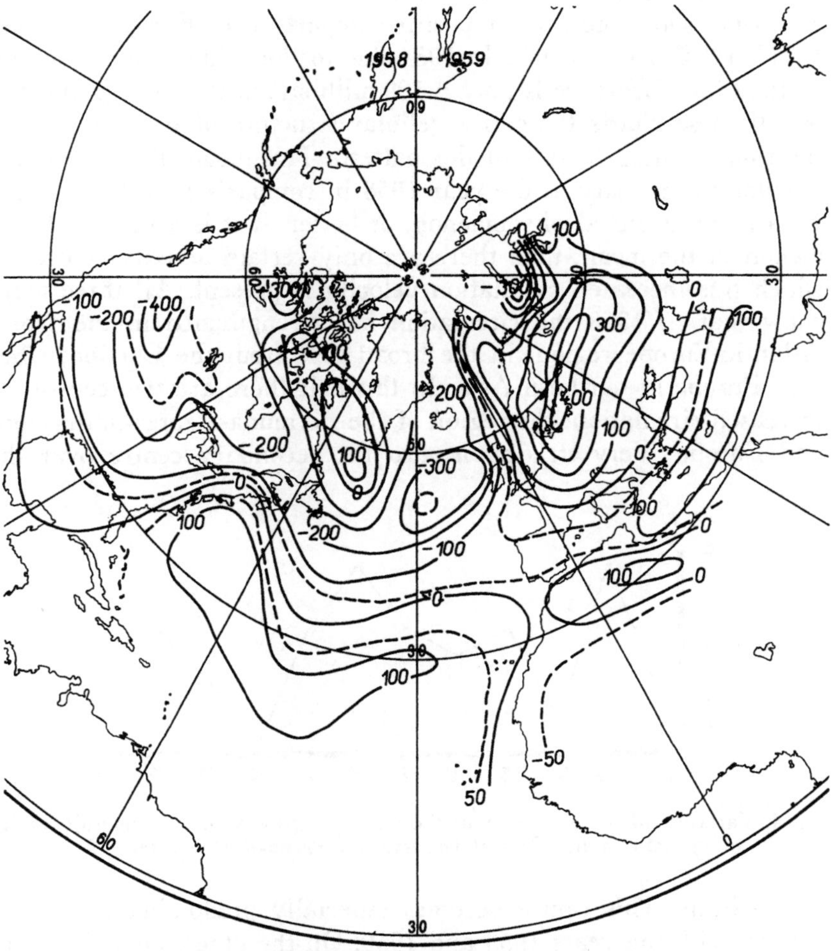

Fig. 3. Isopleths of the differences of the yearly sums of the absolute interdiurnal pressure changes in mb between the years 1958 and 1959

the other end in the hierarchy the years 1953 and 1959 were placed; both with $\widetilde{k}_p = 4{,}0$ mb at the Central Observatory Praha-Karlov. The remaining years show the following values of $\widetilde{k}_p$: 1954, 4,3; 1955, 4,5; 1957, 4,1.

Let us suppose that the absolute value of the interdiurnal pressure changes is a certain objective measure of kinetic energy of the air masses. Let us use the year 1958 as a reference year and compute differences 1958—1953, 1958—1954 and 1958—1959 of the year sums $\Sigma|\Delta p|$. Figs. 1, 2 and 3 show resulting isopleths of differences in millibars for the intersection points of the geographical net. There is one remarkable feature in these maps. The years 1953 and 1959 show the largest positive departure in Europe; at point 50^0 N, 10^0 E over 300 mb. In 1954 due to the rainy summer similar to 1958 the difference is only +100 millibars at the same point. But on all these charts there is a cellular structure of departures as a most outstanding feature of this pattern. This means that the higher circulation intensity in the year 1958 in comparison with 1953 and 1959 is not a global phenomenon, or better, if it is a global phenomenon in the mean, then there are only certain activity centres in which this increased circulation velocity is present. All three maps show that in 1958 the circulation has strengthened in the North Atlantic-Europe region, in the broad belt from the Carribean Sea over Europe to northern Asia. In this belt there are two centres of increased circulation: the region of the Bermuda-Azores-anticyclone and Europe. Very striking is also the secondary centre over the

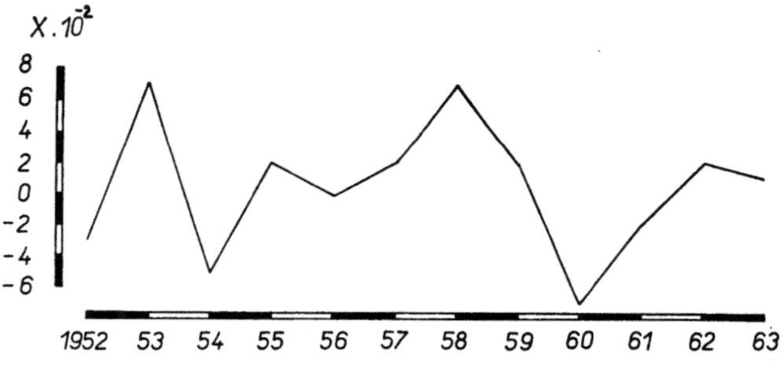

Fig. 4. Variation of the abscissa x of the centre of gravity for the monthly values of k_p (mb) at the Central Observatory Praha-Karlov after [19]

Davis-Strait. This centre becomes especially predominant in comparison with the years 1953 and 1959. On the other hand there are large regions over North America, in the area of Iceland and the British Isles, North Africa and the Middle East, where the circulation decreased in 1958.

Supposing that one of the main tasks of climatology is now to explain the year to year cycle in its conformity with the individual years and in its differences in the individual years, we try to characterize the year not only by the resulting number of $\Sigma|\Delta p|$, but also by characteristics, which show the way the year is built up. For monthly means of k_p we apply the method, which was suggested and used for the pressure by ALT [19] and by SEIFERT [20]. We compute the coordinates x, y of the centre of gravity for the circle on the perimeter of which the monthly values $\bar{k}_p$ lie. Fig. 4 shows a sharp contrast in the abscissa x of the centre of gravity in the years 1953 and 1959, but also in 1958, and in the following years 1954 and 1960 respectively, for Prague. Both extremes are in a 6-year-interval.

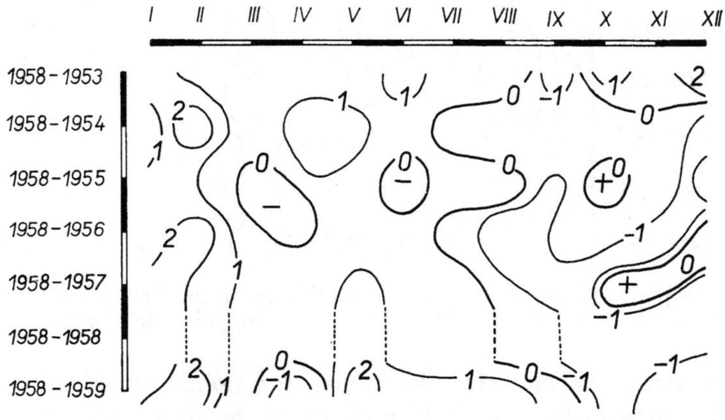

Fig. 5. Isopleths of the differences of monthly $\bar{k}_p$ in mb between the reference year 1958 and years 1953 till 1959 in Praha-Karlov

This result together with the course of y means that in both of the first extreme years the increased circulation in the spring months had prevailed. In both of the following years 1954 and 1960, which in Europe were extremly rainy in summer, the conditions were reverse. The most intensive circulation was in the last months of these years. This shows that there are two similar periods of weak circulation over Central Europe in the time interval of 6 years. Both these periods began in late spring and lasted to next summer. The synoptic charts and monthly reviews show prevailing anticyclonic weather in Central Europe.

The strong dominating of positive deviations in the second half of the year 1953 and the first half of 1954 is also shown in Fig. 5, where the differences of monthly $\bar{k}_p$ in Prague between the reference year 1958 and the years 1953 till 1959 are represented. Also in 1959 patterns of strongly weakened circulation prevail in monthly values from May. The following year 1960 shows also high positive deviations from January to July: I/3,0; II/1,4; III/0,5; IV/1,6; V/2,3; VI/1,0; VII/2,5; then beginning with August only negative deviations exist: VIII/—0,4; IX/—0,6; X/—0,7; XI/—1,0; XII/—0,2 in accordance with our results above.

The results represented in the charts in Figs. 1—3 correspond well with the patterns in figs. 6—8, where monthly differences are

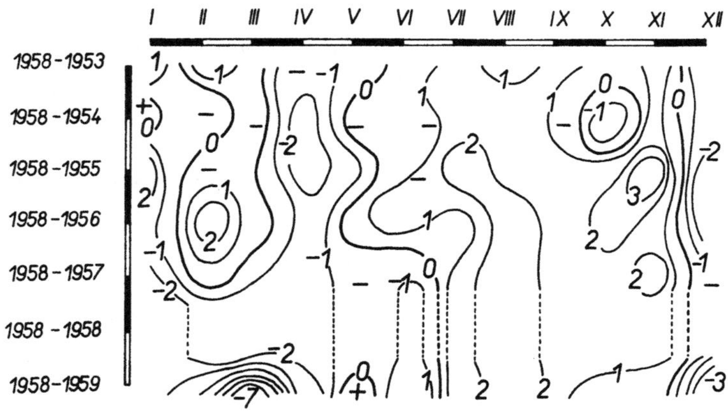

Fig. 6. Isopleths of the differences of monthly $\bar{k}_p$ in mb between the reference year 1958 and years 1953 till 1959 at the point 50° N 30° W

shown along the meridian 30° W for the points 50° N, 60° N and 20° N. Particularly for 20° N and 60° N the prevailing of positive

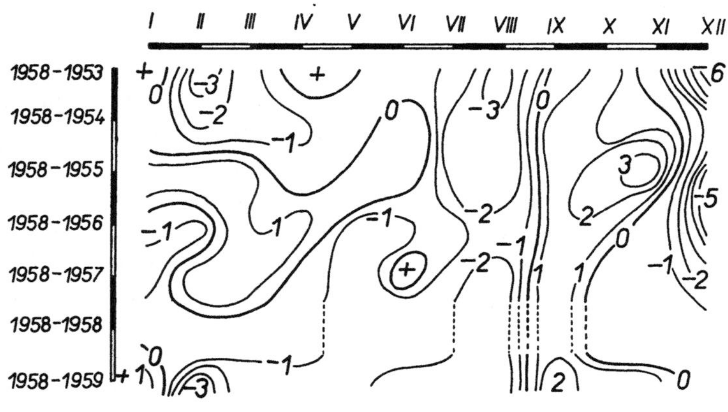

Fig. 7. Isopleths of the differences of monthly $\bar{k}_p$ in mb between the reference year 1958 and years 1953 till 1959 at the point 60° N 30° W

and negative values respectively in all years is the characteristic feature.

Table 1 can be introduced as the evidence for the connection between pressure variability and weather, where the typical situations (Großwetterlagen) after HESS and BREZOWSKY [21] are represented with the average $|\overline{\overline{\Delta p}}|$ for this typical situation. But when we add to these typical situations the situations of the same name from the years 1958 and 1959 only we get sometimes such differences (Table 2), that we can only refer to the fact that, similar as there are not many cyclones on the polar front which form strictly in

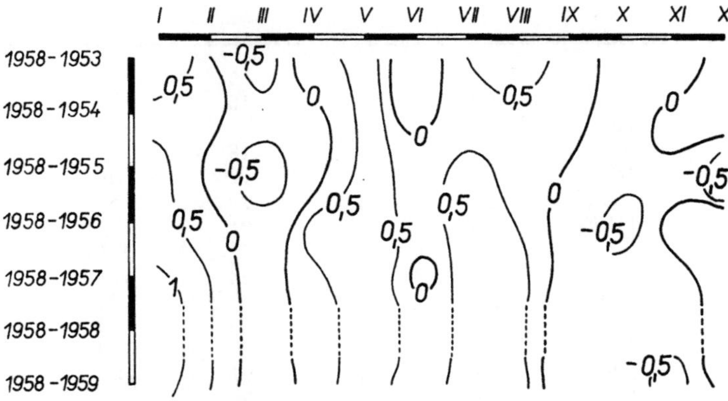

Fig. 8. Isopleths of the differences of monthly $\bar{k}_p$ in mb between the reference year 1958 and years 1953 till 1959 at the point 20° N 30° W

accordance with Bjerknes model, also the typical situations are models only. These results also provide an answer to the question whether the interdiurnal variability characteristics give more

Table 1.
Average values of Δp in Torr for typical situations (Großwetterlagen, GWL) after [21]

Nr.	GWL	$\lvert\overline{\overline{\Delta p}}\rvert$	Nr.	GWL	$\lvert\overline{\Delta p}\rvert$
1	HM	0,8	15	HB	2,6
2	NE	0,9	16	Ww	2,7
3	N_a	1,2	17	SE_a	3,3
4	BM	1,5	18	HN_z	3,8
5	HF_z	1,6	19	W_a	3,9
6	TB	1,7	20	TrW	4,1
7	HF_a	1,7	21	HN_a	4,2
8	S_a	1,9	22	W_z	4,8
9	TrM	1,9	23	Ws	5,3
10	SW_a	2,2	24	SE_z	5,5
11	HNF_a	2,3	25	HNF_z	5,5
12	S_z	2,4	26	NW_z	5,8
13	SW_z	2,5	27	TM	5,9
14	NW_a	2,6	28	N_z	7,6

information than pressure values. It is evident that these characteristics in connection with pressure values show cyclonic or anticyclonic weather periods better than pressure deficit or surplus alone can do this. On the other hand these characteristics are valuable as a research means for the considerations of connections between heat balance and circulation.

Table 2. *Average values of Δp in Torr for typical situations (Großwetterlagen, GWL) after* [21] *with values from the years 1958 and 1959*

Nr.	GWL	$\overline{\overline{\|\Delta p\|}}$	Nr.	GWL	$\overline{\overline{\|\Delta p\|}}$
1	N_a	1,2	15	TrM	3,0
2	HM	1,4	16	SE_a	3,1
3	HF_z	1,6	17	HN_z	3,4
4	TB	1,7	18	W_a	3,5
5	NE	1,8	19	HN_a	3,7
6	SW_a	2,2	20	BM	3,9
7	HNF_a	2,3	21	SE_z	4,0
8	S_z	2,4	22	TrW	4,1
9	S_a	2,6	23	W_s	4,2
10	NW_a	2,6	24	HNF_z	5,5
11	HB	2,7	25	NW_z	5,8
12	W_w	2,7	26	TM	5,9
13	HF_a	2,8	27	N_z	6,4
14	SW_z	2,9	28	W_z	7,5

I should like to express my thanks to Zentralamt des Deutschen Wetterdienstes in Offenbach a. M., Germany, for providing me with the vast amount of pressure data.

References

1. KÄMTZ, L. F.: Lehrbuch der Meteorologie. Bd. 2, S. 230—388, Halle, 1832.
2. KÖPPEN, W.: Die monatlichen Barometerschwankungen, deren geographische Verbreitung, Veränderlichkeit und Beziehungen zu anderen Phänomenen. Ann. Hydrogr. u. Marit. Meteorol. **10,** 275—289 (1882).
3. WOEIKOFF, A.: La variabilité interdiurne de la pression atmosphérique principalement en Asie. Mém. Acad. Sciences St.-Pétersbourg, 8. Ser., **19**, No. 6 (1906).
4. BAHR, H.: Die interdiurne Veränderlichkeit des Luftdrucks. Meteorol. Z. **28,** 497—502 (1911).
5. FICKER, H. v.: Veränderlichkeit des Luftdrucks und der Temperatur in Rußland zwischen Eismeer und 37° Nordbreite. Akad. Wiss. Wien, Math.-Naturw. Kl., Sitz.-Ber. II a, **128,** 1301—1341 (1919).
6. TRAVNIČEK, F.: Der säkuläre Gang der interdiurnen Veränderlichkeit des Luftdruckes und ihrer Abnahme mit der Höhe nach Bestimmung von 56 Jahren für Salzburg und 40 Jahren für Sonnblick. Meteorol. Z. **45,** 299—302 (1928).
7. HOINKES, H.: Die interdiurnen Änderungen von Druck und Temperatur in der unteren Troposphäre bis 5 km Höhe und ihre gegenseitigen Beziehungen in statistisch-synoptischer Betrachtungsweise. Arch. Met. Geoph. Biokl. A. **2,** 239—304 (1950).
8. DE BARY, E., und F. MÖLLER: Die Druckänderungen im 500- und 1000mb-Niveau in 6-, 12- und 24stündigen Intervallen. Ber. D. Wetterd. US-Zone **6,** Nr. 38, 20—26 (1962).

9. Berger, E.: Siebenjährige Mittelkarten der interdiurnen Veränderlichkeit des Luftdruckes am Boden über dem Gebiet Nordamerika — Nordatlantik — Eurasien für die Monate Januar und Juli 1951—1957. Meteorol. Abh. Inst. Meteorol. u. Geoph. Fr. Univ. Berlin **14**, Heft 5, 1—28 (1961).
10. Bayer, K.: Objektive meteorologische Teilung des Jahres in natürliche Jahreszeiten nach den Änderungen des Luftdruckfeldes. Z. f. Meteorologie **17**, Supplementheft, 103—126 (1965).
11. Bayer, K.: Charakter der interdiurnen Änderungen im Bodendruckfeld im Laufe des Jahres. Vorträge zur Meteorologischen Konferenz in Liblice, 13. bis 16. Oktober 1964. (In press.)
12. Bayer, K.: Probleme und Möglichkeiten der objektiven Verfolgung der jahreszeitlichen und langfristigen Änderungen im Druck- und Strömungsfeld der Atmosphäre. Met. Rundsch. **18**, 77—80 (1965).
13. Bayer, K.: Langfristige Änderungen im Druckfeld der Atmosphäre und Klimagestaltung in Mitteleuropa. Z. f. Meteorol. (In press.)
14. Bayer, K.: Dlouhodobé variace v tlakovém poli nad Evropou. Meteorologické zprávy **18**, 167—169 (1965).
15. Baur, F.: Physikalisch-statistische Regeln als Grundlagen für Wetter- und Witterungsvorhersagen. Vol. 1, 1956; Vol. 2, 1958. Frankfurt am Main.
16. Baur, F.: Großwetterkunde und langfristige Witterungsvorhersage. Frankfurt am Main, 1963.
17. Baur, F.: Neufestsetzung der Epochen der Minima und Maxima der Sonnenflecken. Meteor. Abh. Fr. Univ. Berlin **50**, Heft 3 (1964).
18. Dinies, E.: Über die Möglichkeit langfristiger Vorhersagen des Hochsommerniederschlags in Deutschland. Meteorol. Rundsch. **18**, 14—16 (1965).
19. Alt, E.: Klimakunde von Mittel- und Südeuropa. Köppen-Geiger: Handbuch der Klimatologie, Bd. 3, Teil M, 20—21. Berlin, 1932.
20. Seifert, K.: Über kontinentalen und ozeanischen Luftdruckgang. Dissertation — Techn. Hochschule Dresden, Dresden, 1939.
21. Hess, P., und H. Brezowsky: Katalog der Großwetterlagen Europas. Ber. DWD US-Zone, No. 33, Bad Kissingen, 1952.

Author's address: Dr. Karel Bayer C. Sc., Meteorological Institute of the Math.-Phys. Faculty, Charles University, Ke Karlovu 3, Praha 2, Czechoslovakia.

551.509.33

(Ocean-Atmosphere Research Institute Cambridge, Mass. 02138 U. S. A.)

The Principle of Distant Persistence and Associated Relationships as a Basis for Long-range Predictions

By

I. I. Schell

Summary. The author recommends the use of physical principles as a basis for long-range weather prediction. One of these principles is distant persistence. He succeeded in forecasting weather in an area adjacent to the region where he had investigated persistence. The method is explained by means of two examples.

Zusammenfassung. Als Grundlage für die langfristige Wettervorhersage wird die Anwendung von physikalischen Prinzipien empfohlen. Ein solches Prinzip ist die dynamische Erhaltungsneigung. Es gelingt, durch das Studium der Erhaltungsneigung in einem bestimmten Gebiet auch Vorhersagen über das Wetter in einem anderen (angrenzenden) Bereich zu erstellen. An Hand von zwei Beispielen wird diese Methode erläutert.

Résumé. On recommande d'utiliser des principes de physique comme point de départ des prévisions à longue échéance. L'un de ces principes est la tendance à la conservation à distance. Il est possible d'établir des prévisions du temps concernant une autre région (voisine) en partant de l'étude de la tendance à la conservation qui se rencontre dans une région donnée. On démontre enfin la méthode décrite au moyen de deux exemples.

The need for a broad physical principle, or set of principles which could serve as a basis for long-range weather predictions, leads us to examine special characteristics of the general circulation which may involve time-lag relationships.

The first such characteristic that comes to mind is local persistence, which may be thought of as an expression of the inertial forces in the ocean and in the atmosphere. Yet because it is confined to relatively few areas, local persistence provides only a limited basis for long-range weather predictions.

However, this feature of the general circulation is additionally very important because it helps determine the weather in areas which possess no persistence, but whose weather is linked to areas with local persistence through the movement of storms and other weather systems to them (SCHELL [1, 2]).

As an example of the application of the principle of distant, or dynamic persistence as it is sometimes called, we cite the time-lag relationship with the dry monsoon of eastern Indonesia (SCHELL [1]). The termination of this monsoon usually occurs in November and is determined by the breakdown of the high pressure cell over northern Australia to the southeast. Lower pressures, for example, persisting from October to November over northern Australia lead to above normal rainfall in November in eastern Indonesia and to an early end of the dry monsoon.

Another relationship governed by the principle of distant or dynamic persistence, is the relationship with the winter precipitation in the North Pacific which arises from (1) the marked persistence in pressure in the general area of the Philippines from the September—November to the December—February quarters and (2) the movement of storms or lows in winter from that region northeastward which affects the winter rainfall of Midway Island, Hawaii, and other regions which lie in the path of these lows or are influenced by them (SCHELL [2]).

The above two examples of the application of the principle of distant persistence to long-range weather predictions, are only a sample of those that can be derived (see, for example, EICKERMANN and FLOHN [3]).

Again, the delineation of the relationships that are either directly, or indirectly, associated with distant persistence relationships, would further extend the scope of physically based long-range weather predictions.

References

1. SCHELL, I. I.: Dynamic Persistence and Its Applications to Long-Range Foreshadowing. Harvard Meteorol. Studies, No 8 (1947).
2. SCHELL, I. I.: Further Evidence of Dynamic Persistence and Its Application to Foreshadowing. J. Meteorol. **1,3** 471—481 (1956).
3. EICKERMANN, W., and H. FLOHN: Witterungszusammenhänge über dem äquatorialen Südatlantik. Meteorol. Inst. Univ. Bonn, Bonner Meteorol. Abhandl., H. 1 (1962).

Author's address: Dr. I. I. SCHELL, Ocean-Atmosphere Research Institute Cambridge, Mass. 02138, U. S. A.

551.509.3:551.510.53

(The RAND Corporation[1], Santa Monica, California)

Predicting the State of the Upper Atmosphere

By

G. F. Schilling

Summary. Present capabilities for predicting upper atmosphere conditions are reviewed briefly. The principal prediction methods are contrasted with the methods of forecasting employed in tropospheric meteorology. Standard model atmospheres can be considered analogous to synoptic weather maps, but the principal tools of the upper atmosphere forecaster are indices of solar activity, resulting in basic differences of approach. True synoptic analysis of the upper atmosphere above the mesopause is still in the future, but significant progress is being made toward this objective.

Zusammenfassung. Nach einem kurzen Überblick über die derzeitigen Vorhersagemöglichkeiten des Zustandes der hohen Atmosphäre werden die hauptsächlichsten Vorhersagemethoden denen gegenübergestellt, die in der Meteorologie der Troposphäre verwendet werden. Die Modellatmosphären können analog den synoptischen Wetterkarten betrachtet werden; die Beobachtungsmöglichkeiten sind jedoch grundsätzlich verschieden. Die hauptsächlichen Hilfsmittel für die Vorhersage des Zustandes der hohen Atmosphäre sind Indizes der Sonnenaktivität. Eine richtige synoptische Analyse der Atmosphäre über der Mesopause liegt noch in der Zukunft, aber ein bemerkenswerter Fortschritt zu diesem Ziel hin wurde bereits erzielt.

Résumé. Après un court aperçu des possibilités actuelles de prévision de l'état de la haute atmosphère, on compare ici les méthodes de prévisions météorologiques de la troposphère à celles principalement utilisées pour les niveaux supérieurs. On peut, par analogie, comparer les modèles atmosphériques aux cartes synoptiques; pourtant, les possibilités d'observations sont alors fondamentalement

---

[1] Any views expressed in this paper are those of the author. They should not be interpreted as reflecting the views of The RAND Corporation or the official opinion or policy of any of its governmental or private research sponsors. Papers are reproduced by The RAND Corporation as a courtesy to members of its staff.

This Paper was prepared for presentation at the Symposium on Weather Forecasting, Vienna, Austria, September 23—25, 1965.

différentes. Les auxiliaires principaux pour la prévision de l'état de la haute atmosphère sont les index de l'activité solaire. Une analyse synoptique correcte de l'atmosphère située au-dessus de la mésopause est encore une vision d'avenir, mais on a déjà fait des progrès notables dans le sens de sa réalisation.

At this symposium, commemorating one hundred years of synoptic meteorology, it seems quite appropriate to address a few remarks to the methods employed for predicting the state of the upper atmosphere. In contrast to tropospheric meteorology, this field is still in its infancy. Graphical representations of the upper atmosphere may still bear more resemblance to children's drawings than to synoptic weather maps. The methods bear some similarities to tropospheric and stratospheric forecasting methods, but it is primarily the many contrasts in method that are intriguing and often revealing of the various physical processes that govern the behavior of the earth's atmosphere as a whole. It turns out that long-range forecasts of the state of the upper atmosphere are rather easy to make; medium-range forecasts are perhaps comparable in difficulty to those for tropospheric conditions; but short-range predictions are almost impossible to make and frequently are only guesswork.

Let me first define the realm of the upper atmosphere. Over the last decades, synoptic meteorology has gradually concerned itself with higher and higher regions of the atmosphere. Only ten years ago, I would have included all regions above 30 km altitude as being part of the upper atmosphere. But today, its lower limit is more safely set at the mesopause level, near 80 km, the air below already having been claimed as the realm of synoptic analysis, if not yet weather forecasting.

Above 80 km altitude then, we do not yet employ the term weather. On the other hand, we measure and describe in terms of the standard meteorological parameters such as temperature, pressure, density, and wind. We observe cloud formations, and we follow the changes and variations of the atmospheric parameters from day to day, between day and night, as functions of season and of latitude, and — perhaps most importantly — in relation to the activity on the surface of the sun.

It is difficult, however, to determine quantitatively at any one instant the complete physical state of the upper atmosphere. At satellite altitudes, data are now becoming available on a routine basis from orbital tracking. But between some 80 km and 200 km altitude, only sporadic measurements are obtained with high-altitude sounding rockets, and most of the quantitative information has to be deduced through such indirect methods of measurement as noctilucent cloud and meteor observations, inospheric soundings, and aurora and airglow studies. Thus one is frequently faced with the problem of making predictions with a reliable knowledge of neither the present situation nor the precise numerical values of the atmospheric parameters.

Yet, because of necessity, predictions must be made. Urgent practical requirements exist for advance knowledge of what the physical conditions of the upper atmosphere will be in the distant as well as the near future. For example, needs come from programs of satellite launchings, orbital rendezvous, predictions for satellite decay, reentry, and impact, and the demands of radio communication and frequency selection programs.

Present prediction capabilities, though limited, have been made possible only through the availability of high-speed electronic computing machines. There are two principal prediction methods in practice today. Both make use of the concept of model atmospheres. In a way, model atmospheres take the place of the computerized weather charts of the numerical forecasting methods of synoptic meteorology.

In the first method, observations of the intensity of the solar flux are incorporated in semiempirical equations. These produce temperature, pressure, and density as functions of altitude for given values of solar radiation intensity. The flux input can be either in the form of measured solar data or — on the basis of extrapolation from past solar cycles — in terms of predicted values for conditions to be expected in the future. This method is ideally suited for long-range forecasts of average conditions, and theoretical model atmospheres are available for months and years ahead. There is continuous improvement and as more experience is gained, confidence levels for the predicted values are rising.

The second method is based on an observations-prediction cycle, and is better suited for medium- and short-range forecasts. It primarily utilizes observations of the drag retardation of orbiting and reentering satellites. From these data, model atmospheres are rapidly constructed with electronic computers. These models are fed back into satellite position-prediction programs. Deviations of the actual satellite positions from the predicted positions are then used to modify the model atmospheres, and so forth. Obviously, this approach uses only simple expressions to connect happenings on the sun with the resultant responses of the terrestrial atmosphere, but it is being developed to such a degree that models can be constructed for different seasons, different geographic latitudes, and even for specific days.

Nevertheless, in comparison to synoptic meteorology, today's methods of upper-atmosphere forecasting are crude and lack quantitative precision. They are still mainly an assessment of the present situation with only occasionally an analysis of the possible trends of future developments. We are therefore far from evaluating synoptic conditions of the atmosphere above the mesopause, but there is an important physical parameter that determines which of the possible trends is going to dominate. This parameter, of course, is the intensity of solar activity. Its application in prediction techniques is essentially based on the recurrence cycles of events on the sun. But it clearly represents a celestial tool totally different from anything available in tropospheric meteorology.

Parenthetically, I may be permitted to exclude from my present discussion any such celestial phenomena as the position of the moon or the occurrence of meteor showers as synoptic predictors of rainfall.

In brief, the 11-year and 22-year cycles of solar activity can perhaps be considered as being analogous to the accumulation of past climatological data. But they also permit us to predict years ahead the average temperature and density conditions to be expected at various altitudes in the upper atmosphere. From solar maximum to solar minimum, these parameters fluctuate by orders of magnitude rather than by per cent, and the importance of having this average prediction ability is obvious.

Still more important, the 27-day solar rotation period permits a precise calculation — not just a prediction — of when a disturbed area on the sun will face earth and will be likely to cause disturbances in the earth's atmosphere. Whether it will actually cause a disturbance, depends on the degree of persistence or the rate of development of a specific sunspot, for example. Here we are back in the prediction business again, although in astrophysics this time. Yet, the simple fact remains that use and analysis of solar data represent a feasible technique that is rapidly becoming the principal tool of the "upper atmosphere weather forecaster".

These brief remarks will have made clear that methods of forecasting upper atmosphere conditions are still in the nursery stage today, when compared to the relatively "ancient" science of synoptic meteorology of the troposphere. The last ten years have shown tremendous progress, but a truly synoptic analysis of the upper atmosphere is still in the future.

Author's address: Dr. G. F. Schilling, The RAND Corporation, Santa Monica, California, U. S. A.

551.509.317

(British Meteorological Office)

Über Methoden der mittelfristigen Wetterprognose in Großbritannien

Von

M. K. Miles

Mit 1 Textabbildung

Zusammenfassung. Es wird eine Methode zur mittelfristigen Prognose besprochen, die darauf abzielt, Trockenperioden vorherzusagen. Rein empirisch konnten zwischen der Lage und Stärke des Starkwindbandes im 500mb-Niveau über dem Atlantik und den Trockenperioden in Großbritannien gewisse Zusammenhänge festgestellt werden. Diese Beobachtungen wurden prognostisch verwertet.

Summary. A method for medium range forecasting is discussed which was derived for the prognosis of dry spells. Certain emipirical relations have been established between the situation and strength of the zone of maximum wind at 500 mb over the Atlantic Ocean and the occurrence of dry spells over Great Britain. These findings are being used to make forecasts.

Résumé. On discute une méthode de prévisions à moyenne échéance qui est principalement axée sur la prévision des périodes sèches. On a pu mettre en évidence — et cela de façon strictement empirique — certaines relations existant entre la position et l'intensité de la bande de forts vents à 500 mb sur l'atlantique et les périodes sèches en Grande Bretagne. On a ensuite utilisé ces constatations pour en tirer des prévisions.

In den letzten Jahren hat sich in Großbritannien die Forschung über Methoden der mittelfristigen Prognose im wesentlichen mit besonderen Wetterentwicklungen befaßt. Von LOWNDES [1] wurden Methoden entwickelt, um Trockenperioden von mindestens drei Tagen vorherzusagen. Diese sind praktisch und zuverlässig, aber sie erfassen nur etwa die Hälfte der sommerlichen Trockenperioden.

Vor kurzem wurde von RATCLIFFE [2] ein weiterer Beitrag zur Lösung dieser Probleme veröffentlicht. Damit ist zu erwarten, daß erheblich mehr (etwa zwei Drittel) aller Trockenperioden vorhergesagt werden können. RATCLIFFE hat festgestellt, daß, wenn der stärkste Wind in 500mb-Niveau im atlantischen Bereich innerhalb eines bestimmten Gebietes sich findet und mit Richtung zwischen 180⁰ und 270⁰ weht, mit wenigen Ausnahmen eine dreitägige Trokkenperiode unmittelbar über Südost-England folgt. Dieses Gebiet ist von den 55. und 65. Breitenkreisen und von den 40. und 20. Meridianen begrenzt. Diese Veröffentlichung enthält mehrere Skizzen typischer Lagen, auf die diese Regel richtig anwendbar ist.

Obwohl das Ergebnis rein empirisch gefunden wurde, kann man dafür auch eine dynamische Begründung angeben. Diese Art von Zirkulation hängt oft mit einem diffluenten thermischen Rücken zusammen, der nach der Sutcliffeschen Entwicklungstheorie eine Folge eines Luftdruckanstieges südlich dieses Rückens ist, das heißt, in diesem Falle südostwärts vom stärksten Wind.

Man kann auch in dem sogenannten „Banking Effect“ eine Erklärung finden. (Ich habe diesen Ausdruck erstmals in einer Arbeit GRÜNEWALDS [1957] gelesen und glaube, daß er von NAMIAS [3] im Jahre 1947 gebraucht wurde.) Darnach ruft ein südwestlicher Strahlstrom einen Luftdruckanstieg an seinem Südostrand hervor, während er sich selbst ostwärts oder nordostwärts verlagert. Meiner Erfahrung nach muß dieser Begriff streng begrenzt werden. Der Druckanstieg tritt nur ein, wenn der Strahlstrom seine Stärke und Richtung beibehält, während er sich ostwärts verlagert. Wenn der Strahlstrom aber eine Schwächung oder Rechtsdrehung erleidet, dann tritt zuweilen ein Druckfall ein.

Daher ist es verständlich, daß RATCLIFFE seine Regel an folgende Bedingungen knüpft:

1. Ein ebenso starker Strom mit Richtung zwischen 270⁰ und 310⁰ darf nicht unmittelbar stromaufwärts herrschen.

2. Im 500mb-Niveau darf kein Trog oder Höhentief in der Nähe der Britischen Inseln lagern (d. h. von 15⁰ W bis 5⁰ E Länge, Biskaya und Frankreich inbegriffen).

In bezug auf die erste Bedingung bemerkt der Verfasser, daß sie eingeführt wurde, um eine Entwicklung des Trogs zwischen den beiden starken Strömen auszuschließen, die durch einen nordwestlichen Strahlstrom verursacht werden könnte.

Die zweite Bedingung ist interessanter, und in RATCLIFFES Veröffentlichung werden zwei Lagen angeführt, bei denen keine Trokkenperiode folgte. Manchmal, wie es z. B. am 2. und 3. September 1965 der Fall war, kommt regnerisches Wetter über Südost-England in Zusammenhang mit dem Höhentief vor.

Jedoch geschieht es manchmal, daß sich zwischen dem Azorenhoch und einer Hochlage über Skandinavien eine Hochdruckbrücke bildet, wobei trockenes Wetter über Südost-England herrscht. Des-

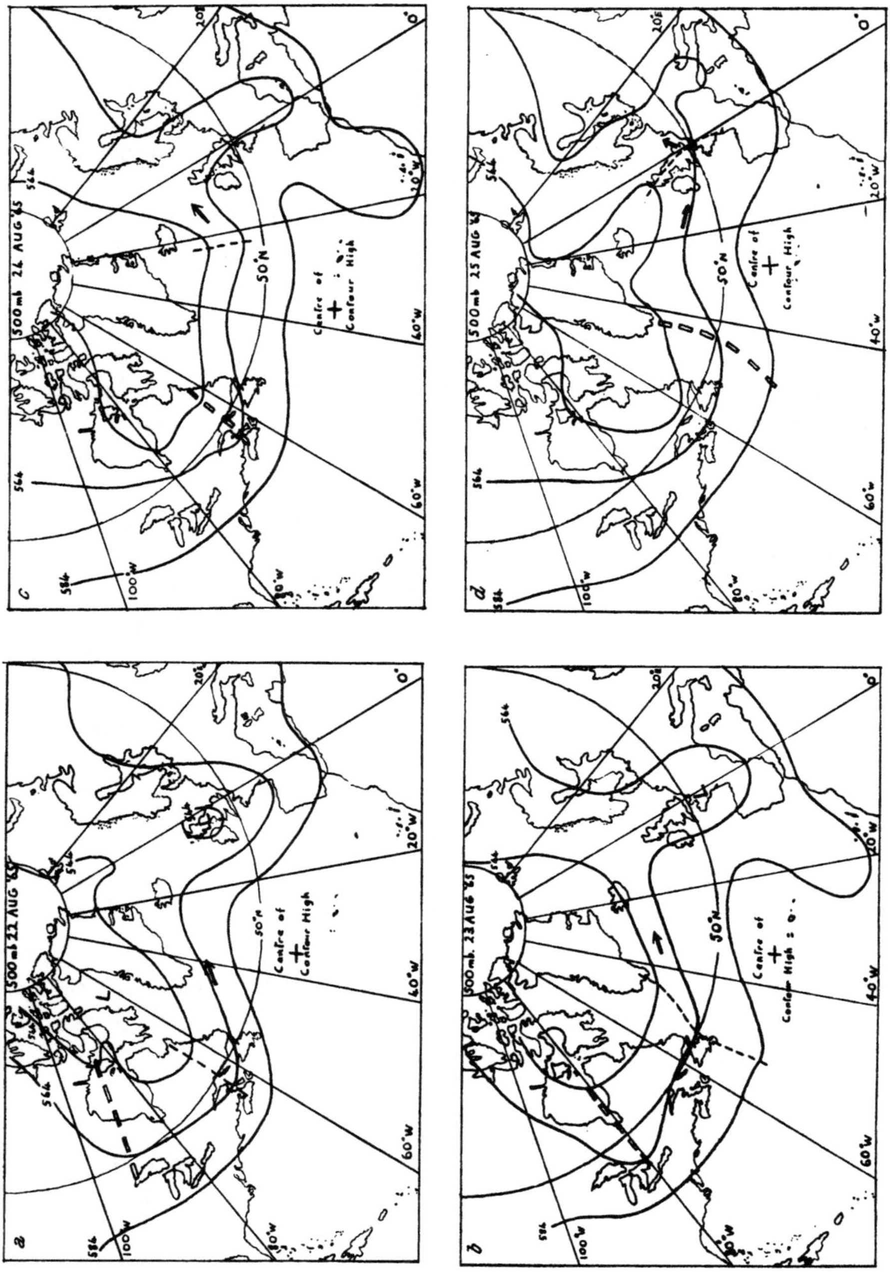

Abb. 1. Absolute Topographie der 500mb-Fläche um 0 Uhr MGZ
a 22 August 1965; *b* 23. August 1965; *c* 24. August 1965; *d* 25. August 1965

halb ist es notwendig, die Begünstigung dieser zweiten Bedingung näher zu untersuchen.

Ich will zunächst eine Lage besprechen, die die Bedeutung dieser Bedingung in Verbindung mit einem stromaufwärts gelegenen Höhentrog deutlicher macht:

Die Abbildungen 1 a bis d veranschaulichen die Entwicklung der Höhenströmung (im 500mb-Niveau) vom 22. bis 25. August 1965. Es ist ersichtlich, daß der Südwest-Strahlstrom nicht lange genug anhielt, um eine Hochdruckbrücke über Frankreich aufzubauen. Am vierten Tage wurde wieder ein Trog über Nordwest-Europa festgestellt. Das wichtigste Merkmal dieser Lage ist die Doppelstruktur des amerikanischen Trogs am 22. August. Da die Hauptkaltluftzufuhr am Boden etwa bei 85° W Länge erfolgte, schien es am wahrscheinlichsten, daß sich der westliche Teil des Troges erhalten werde.

Am 23. August war der östliche Teil nicht mehr deutlich ausgeprägt, und dies blieb so während seines raschen Durchzugs durch das Gebiet des Höhenhochs bei 35°W. Am Nachmittag des 24. August wurde er jedoch wieder aktiv und verursachte im Gebiet des früheren Höhentrogs großen Druckfall und eine Verschlechterung des Wetters. Am 25. August war der ehemalige Südwest-Strahlstrom fast vollständig verschwunden; er hatte nicht lange genug angehalten und war nicht stark genug, um einen starken Anstieg des Luftdrucks an seiner Südost-Flanke zu erzeugen, d. h. den „Banking Effect“ herbeizuführen. Die Ursache dafür war, wie ich glaube, daß am 23. August der Trog unmittelbar stromaufwärts vom Strahlstrom nicht der Haupttrog war. Mittels derartiger Betrachtungen kann man die Bedeutung der zweiten Bedingung Ratcliffes besser verstehen und die Regel mit größerer Einsicht anwenden.

Literatur

1. Lowndes, C. A. S.: The Forecasting of Dry Spells of Three Days or More at London and in South East England in May to October. Met. Mag. **89**, 131 (1960).
2. Ratcliffe, R. A. S.: New Criteria Concerning Fine Spells in South East England during the Period May to October. Met. Mag. **94**. 129 (1965).
3. Namias, J.: Characteristics of the General Circulation over the Northern Hemisphere during the Abnormal Winter 1946—47. Mon. Weather Review **75**, 145 (1947).

Anschrift des Verfassers: Dr. M. K. Miles, Meteorological Office, London Road, Bracknell, Berkshire, England.

SPRINGER-VERLAG / WIEN [illegible]

Archiv für Meteorologie, Geophysik und Bioklimatologie

Herausgegeben von

Dozent Dr. W. Mörikofer | Prof. Dr. F. Steinhauser

[illegible]

Serie A

Meteorologie und Geophysik

Allgemeine, dynamische und synoptische Meteorologie
Geophysik der Atmosphäre, des Meeres und des festen Erdkörpers

Bisher [illegible] Bände

[illegible]

Serie B

Allgemeine und biologische Klimatologie

Allgemeine und medizinische Klimatologie
Strahlungs- und Mikroklimatologie, Meteorobiologie, [illegible]

Bisher [illegible] Bände

[illegible]

[illegible]

Zu beziehen durch jede Buchhandlung

GPSR Compliance

The European Union's (EU) General Product Safety Regulation (GPSR) is a set of rules that requires consumer products to be safe and our obligations to ensure this.

If you have any concerns about our products, you can contact us on ProductSafety@springernature.com

In case Publisher is established outside the EU, the EU authorized representative is:

Springer Nature Customer Service Center GmbH
Europaplatz 3
69115 Heidelberg, Germany

Batch number: 10577896

Printed by Printforce, the Netherlands